A FLORESTA AMAZÔNICA

Conselho Editorial

Alcino Leite Neto
Ana Lucia Busch
Antônio Manuel Teixeira Mendes
Arthur Nestrovski
Carlos Heitor Cony
Contardo Calligaris
Marcelo Coelho
Marcelo Leite
Otavio Frias Filho
Paula Cesarino Costa

FOLHA
EXPLICA

A FLORESTA AMAZÔNICA

MARCELO LEITE

PubliFolha

© 2001 Publifolha – Divisão de Publicações da Empresa Folha da Manhã S.A.
© 2001 Marcelo Leite

Todos os direitos reservados. Nenhuma parte desta publicação pode ser reproduzida, arquivada ou transmitida de nenhuma forma ou por nenhum meio sem permissão expressa e por escrito da Publifolha – Divisão de Publicações da Empresa Folha da Manhã S.A.

Editor
Arthur Nestrovski

Assistência editorial
Paulo Nascimento Verano (2001)
Rodrigo Villela (2008)

Capa
Publifolha

Projeto gráfico da coleção
Silvia Ribeiro

Coordenação de produção gráfica
Marcio Soares (2001)
Soraia Pauli Scarpa (2008)

Revisão
Mário Vilela

Fotos
© Frans Lanting/Corbis/LatinStock (capa), Pedro Martinelli/ISA (p. 24); Folha Imagem: Ichiro Guerra (p. 41), Marcelo Leite (p. 42) e Lalo de Almeida (p. 65)

Editoração eletrônica
Picture

Dados internacionais de Catalogação na Publicação (CIP)
(Câmara Brasileira do Livro, SP, Brasil)

Leite, Marcelo
  A floresta Amazônica / Marcelo Leite. – São Paulo : Publifolha, 2001. – (Folha explica)

  Bibliografia.
  ISBN 978-85-7402-265-9

  1. Florestas – Amazônia I. Título. II. Série.

01-0437   CDD-918

Índices para catálogo sistemático:
1. Floresta Amazônica : América do Sul 918

2ª reimpressão

PUBLIFOLHA
Divisão de Publicações do Grupo Folha

Al. Barão de Limeira, 401, 6º andar, CEP 01202-900, São Paulo, SP
Tel.: (11) 3224-2186/2187/2197
www.publifolha.com.br

SUMÁRIO

INTRODUÇÃO:
DA HILÉIA À *RAINFOREST* 7

1. DO PIQUIÁ AO CURARE
   O TESOURO DA BIODIVERSIDADE 25

2. DO TRATOR DE ESTEIRA AO *SKIDDER*
   MADEIRA COM SELO VERDE 43

3. DAS NUVENS EXÓTICAS ÀS FOLHAS SECAS
   A BOMBA DO CLIMA 59

CONCLUSÃO:
DE RORAIMA A KYOTO 77

BIBLIOGRAFIA E SITES 91

Esta visão da Amazônia é tributária do diálogo com pesquisadores e ambientalistas com quem tive o privilégio de travar conhecimento, como jornalista, ao longo dos últimos 13 anos. São muitos, e será inevitável incorrer em omissões ao enumerá-los, por ordem alfabética, com um agradecimento por muitos momentos de descoberta: Adalberto Veríssimo, Adriana Moreira, André Guimarães, Antônio Nobre, Aziz Nacib Ab'Sáber, Carlos Alberto Ricardo, Carlos Nobre, Daniel Nepstad, Eduardo Góes Neves, Garo Batmanian, Harald Sioli, João Paulo Ribeiro Capobianco, Márcio Santilli, Mary Allegretti, Paulo Artaxo, Paulo Barreto, Paulo Moutinho, Philip Fearnside, Roberto Smeraldi, Ronaldo Seroa da Motta e William Laurance. Vários contribuíram diretamente para este volume, com dados e ilustrações (sou grato a eles e a suas organizações pela permissão para reproduzi-los).

Este pequeno livro é para Paula e Ana, que herdarão a floresta e ainda nem a conhecem. Espero que elas possam ver, em outro dia de setembro, o chão da mata coberto pelas flores do piquiá.

INTRODUÇÃO:
DA HILÉIA À *RAINFOREST*

enos de 200 anos se passaram entre a cunhagem do termo "hiléia" para designar a floresta amazônica, pelo naturalista alemão Alexander von Humboldt (1769-1859), e o surgimento de uma parceria inusitada entre o músico britânico Sting e o cacique caiapó Raoni, no final dos anos 80, que contribuiu para transformar a hiléia num ícone da cultura popular do século 20, rebatizada como *rainforest* ("floresta chuvosa", um termo que nunca vingou em português). Entre uma e outra palavra, forjou-se a imagem por excelência da natureza intocada e ancestral, aquém da história, que ganhava corpo naquela imensidão de selva impenetrável e úmida, cortada pelos rios mais caudalosos da Terra.

Há bem pouco tempo, porém, pelo menos em termos geológicos – uma hora e meia atrás, se toda a história do planeta fosse comprimida em um século –, boa parte da paisagem amazônica era radicalmente diversa: muito mais seca, com um rio Amazonas e as portentosas chuvas minguados em pelo menos 40%, segundo estudo dos pesquisadores Mark Maslin e Stephen Burns na revista *Science* (vol. 290, p. 2285; 22/12/2000). A floresta, recortada em muitas ilhas separadas por manchas de cerrado e, talvez, até mesmo caatingas, segundo a interpretação do geógrafo brasileiro Aziz Nacib Ab'Sáber.[1]

Essa paisagem mais ressequida, irreconhecível pelo padrão de exuberância equatorial da Amazônia do presente, já era habitada por homens há pelo menos 8 mil anos. É o que revela o sítio arqueológico da caverna de Pedra Pintada, na margem esquerda do Amazonas, a poucos quilômetros do que é hoje Santarém, no estado do Pará. E não eram provavelmente bandos pequenos de caçadores e coletores, mas sociedades complexas o bastante para produzir peças de cerâmica, um tipo de atividade que exige certo grau de diferenciação social e de especialização, característico de grupos que já dominam a agricultura. O sítio Pedra Pintada foi estudado nos anos 90 pela arqueóloga norte-americana Anna Curtenius Roosevelt,[2] bisneta do presidente norte-americano Theodore Roosevelt (o grande paladino da criação de parques e florestas nacionais nos Estados Unidos, que, em 1913-4, depois de ter deixado a Presidência, se embrenhou na selva brasileira na companhia de Cândido Rondon, em busca do rio da Dúvida).

A caverna guardava nada menos que a mais antiga cerâmica já encontrada nas Américas – uma constatação no mínimo difícil de conciliar com a imagem tradicio-

---

[1] Aziz Nacib Ab'Sáber, *Amazônia – do Discurso à Práxis*. São Paulo: Editora da Universidade de São Paulo, 1996; p. 56
[2] Anna C. Roosevelt, "Paleoindian Cave Dwellers in the Amazon: the Peopling of the Americas". Em: *Science,* vol. 272; 19 de abril de 1996; p. 373.

nal do ambiente amazônico: floresta rica de solos pobres (78% são muito ácidos ou de baixa fertilidade) e reduzida capacidade de sustento para populações humanas, em razão de uma fauna de baixa densidade, embora muito diversificada. Pouca proteína, gente escassa. A melhor prova de que a Amazônia seria um paraíso verde para poucos (ou um inferno idem, dependendo do ponto de vista) estaria na composição de sua população indígena atual: muitos grupos pequenos e isolados, seminômades, com baixo desenvolvimento tecnológico e convivendo em relativa harmonia com o ecossistema em imensos territórios (basta mencionar, como se comprazem em fazer os inimigos da demarcação de terras indígenas, que os cerca de 12 mil ianomâmis brasileiros ocupam 97 mil quilômetros quadrados, uma área superior à da antiga metrópole, Portugal).

CIVILIZAÇÕES VARZEANAS

Segundo uma corrente que vem ganhando força na arqueologia, esse padrão de povoamento é apenas uma face da história, aquela que pode ser vista do lado de cá do Descobrimento. Ela tem o defeito de escamotear precisamente o que existia ou pode ter existido antes da chegada do colonizador. Na ótica de Anna Roosevelt, já houve uma Amazônia povoada por sociedades complexas e estratificadas, que reuniam dezenas de milhares de pessoas na agricultura de mandioca e talvez milho nas terras inundáveis, fertilizadas com os sedimentos transportados de longas distâncias pelos chamados rios de água branca (na verdade, barrenta), até mesmo dos Andes. Nessas várzeas, que cobrem de 2% a 3% da bacia amazônica (ou até 120 mil quilômetros quadrados, no caso do Brasil, o equivalente a quase um Portugal e meio), e nas suas adjacências, teriam florescido grandes cacicados, como os que legaram as elaboradas cerâmicas marajoara (da ilha de Marajó) e Santarém (nas margens do rio Tapajós). Esses povos guerreiros de cabelos compridos foram descritos nos relatos dos primeiros cronistas europeus, como o religioso Gaspar de Carvajal, que acompanhou a viagem do explorador espanhol Francisco de Orellana à foz do grande rio, dando origem à lenda das amazonas. Segundo Roosevelt, não seriam tão lendários assim – apenas não teriam conseguido sobreviver ao contato com a máquina de guerra européia e a pletora de doenças infecciosas que levava consigo.

Dito de outro modo, o padrão atual de ocupação indígena da Amazônia seria fruto do movimento da história, e não a resultante milenar de um processo biológico de ajustamento à baixa capacidade de sustentação do ambiente. "Cometemos uma injustiça contra essas populações quando as vemos, simplesmente, como selvagens afortunados, adaptados à floresta tropical, ao invés de um povo ecologicamente, economicamente e politicamente marginal que vem perdendo controle sobre seus hábitats e modos de vida", resumiu Anna Roosevelt em "Determinismo Ecológico na Interpretação do Desenvolvimento Social Indígena da Amazônia".[3]

Seu alvo preferencial é Betty Meggers, tão norte-americana, arqueóloga e especializada em Amazônia

---

[3] Anna C. Roosevelt, "Determinismo Ecológico na Interpretação do Desenvolvimento Social Indígena da Amazônia". Em: Walter A. Neves (org.), *Origens, Adaptações e Diversidade Biológica do Homem Nativo da Amazônia*. Belém: Museu Paraense Emílio Goeldi/CNPq, 1991.

quanto ela, mas de uma geração anterior. Em parceria com o marido, Clifford Evans, e contando com o beneplácito de governos militares brasileiros, Meggers reinou sobre a arqueologia amazônica nos anos 60 e 70. Ainda que incomodada com o calor, a umidade e os insetos, uma referência constante em seus escritos, Meggers comandou os primeiros trabalhos arqueológicos extensos e sistemáticos na região, reunidos em 1971 numa obra clássica, *Amazonia: Man and Culture in a Counterfeit Paradise* (Amazônia: Homem e Cultura em um Falso Paraíso).[4] O título já trai o viés da arqueóloga com relação à floresta amazônica, que da ótica do determinismo ambiental seria incapaz de dar origem a culturas mais complexas. Mesmo as óbvias exceções, como as cerâmicas marajoara e Santarém, teriam resultado de incursões esporádicas de civilizações estranhas ao ambiente amazônico, oriundas do Caribe ou mesmo dos Andes. Uma vez ali instaladas, teriam entrado num processo irresistível de decadência, provocada pelo meio e suas transformações.

Qualquer semelhança com as teorias periodicamente ressuscitadas para "explicar" o subdesenvolvimento brasileiro, com base na sua localização geográfica ou na insalubridade do meio, é mais que simples coincidência. A Amazônia não é necessariamente sinônimo de atraso social e cultural (embora qualquer viagem por seu interior ofereça copiosos e penosos exemplos exatamente disso); é o que pode constatar todo aquele que se despir de preconceitos e contemplar um vaso marajoara em qualquer museu etnográfico do Brasil.

---

[4] Betty J. Meggers, *Amazonia: Man and Culture in a Counterfeit Paradise*. Chicago: Aldine, 1971.

EIXOS DE DESTRUIÇÃO

Mais que difícil, é impossível conciliar essas duas Amazônias, a que entrou no produtivo e destruidor século 20 com cerca de 4 milhões de seus 5 milhões de quilômetros quadrados cobertos por florestas densas (dos quais 550 mil, ou mais de seis Portugais, seriam destruídos ao longo desses cem anos mais devastadores que a região conheceu sob a ação do homem) e a que precedeu o Descobrimento, provavelmente mais povoada e mais seca à medida que se recua no tempo, com flutuações de população, de cobertura florestal e de pluviosidade cuja amplitude só se pode conhecer hoje pelos métodos indiretos e por natureza fragmentários da arqueologia e da paleoecologia (estudo do ambiente no passado). Só o tempo permite reconciliá-las sem contradição, vale dizer, por meio da história – história natural e história humana.

Não existe *uma* Amazônia, arquétipo imemorial de floresta majestosa e imutável, mas *territórios* e *paisagens* mutáveis, sob influência da ação e do conhecimento humanos. E, assim como foi outra num passado não tão remoto assim, a floresta amazônica, com toda a sua imensidão, não vai estar aí para sempre. Foi preciso alcançar a fantástica taxa de desmatamento de quase 20 mil quilômetros quadrados ao ano, na última década do século 20, para que uma pequena parcela de brasileiros se desse conta de que o maior patrimônio natural do país está sendo literalmente torrado, pois nem ao menos uma acumulação primitiva de capital ele tem sido capaz de sustentar.

A maioria, particularmente aqueles mais próximos do poder, parece pouco disposta a aprender com o passado. Planos desenvolvimentistas lucubrados nas pranchetas e nas planilhas de computadores em Brasília, como o Avança Brasil, do governo Fernando Henrique Cardoso,[5] parecem destinados a reeditar o fracasso tão bem caracterizado por Aziz Ab'Sáber no livro *A Amazônia – do Discurso à Práxis*: "O que se cometeu de pseudoplanejamento, feito à distância, na fase que fundamentou a abertura da rodovia Transamazônica, não tem paralelo em qualquer parte do mundo, em termos de ausência de noção de escala, responsabilidade civil por propostas predatórias e falta de conhecimentos efetivos da realidade física, ecológica e social da Amazônia brasileira".

A abertura e a pavimentação de estradas ainda figuram como paradigma do desenvolvimento, embora se saiba, por extensa experiência, que seu principal efeito é induzir ao desmatamento. Dois estudos que vieram a público no ano 2000 partiram das taxas históricas de desmatamento registradas na Amazônia brasileira nas décadas de 70 e 80 para tentar estimar o quanto de devastação poderia ser causado pela construção e recuperação de 6.245 quilômetros de estradas, previstas no plano Avança Brasil como parte de investimentos em infra-estrutura da ordem de US$ 40 bilhões, ao longo de sete anos. As conclusões são alarmantes.

O primeiro desses estudos foi realizado pelo Instituto de Pesquisa Ambiental da Amazônia, mais conhecido pela sigla Ipam.[6] Trata-se de uma organização

---

[5] O programa Avança Brasil se baseia no Estudo dos Eixos Nacionais de Integração e Desenvolvimento, que, segundo o site do governo sobre o programa (www.abrasil.gov.br/), "é uma radiografia dos grandes problemas nacionais e das imensas oportunidades que o País oferece".

[6] Daniel Nepstad, João Paulo Capobianco, Ana Cristina Barros, Georgia Carvalho, Paulo Moutinho, Urbano Lopes e Paul Lefebvre, *Avança Brasil: os Custos Ambientais Para a Amazônia (Relatório do Projeto "Cenários Futuros para a Amazônia")*. Belém: Ipam, 2000. Ver também o site: www.ipam.org.br/ O estudo crítico sobre impactos do projeto Avança Brasil está disponível em: www.ipam.org.br/avanca/ab.htm

não-governamental *sui generis*, que reúne sob o mesmo teto investigação científica de primeira qualidade com trabalhos de base, como a autogestão da pesca de várzea na ilha do Ituqui, perto de Santarém, e regulamentos para disciplinar queimadas na colônia agrícola Del Rey, perto de Paragominas (ambos no Pará). O Ipam é uma espécie de primo amazônico de outra ONG de pesquisa, a norte-americana Centro de Pesquisa Woods Hole (WHRC, na abreviação em inglês), que fica na localidade de mesmo nome no litoral de Massachusetts e recebe periodicamente pesquisadores brasileiros do Ipam, para estágios intensivos de treinamento acadêmico sob a supervisão do ecólogo Daniel Nepstad.

O pessoal do Ipam se juntou ao do Instituto Socioambiental (ISA), de São Paulo, para produzir o seguinte vaticínio, no livreto *Avança Brasil: os Custos Ambientais Para a Amazônia*, de abril de 2000: apenas quatro das estradas incluídas no Avança Brasil – Cuiabá–Santarém (BR-163), no trecho Santarém–Itaituba; Humaitá–Manaus (BR-319); Transamazônica (BR-230), no trecho Marabá–Rurópolis; e Manaus–Boa Vista (BR-174) –, perfazendo um total de 3.500 quilômetros, provocariam ao longo dos próximos 25 a 35 anos um desmatamento entre 80 mil quilômetros quadrados, no cenário otimista, e 180 mil quilômetros quadrados, numa perspectiva pessimista. Algo como um a dois Portugais de floresta derrubada e morta, em apenas uma geração, ou entre um décimo e um quinto da área de mata atlântica que os portugueses e seus descendentes levaram cinco séculos para devastar. Em carta publicada na revista britânica *Nature* em 11 de janeiro de 2001 (vol. 409, p. 131), a previsão do Ipam, incluindo agora todas as estradas do Avança Brasil, foi revisada para 120 mil a 270 mil quilômetros quadrados de destruição – até três Portugais.

Dois cenários para a Amazônia em 2020
Floresta virgem se reduziria a algo entre 5% e 28%

Cenário otimista: restariam 28% de mata virgem

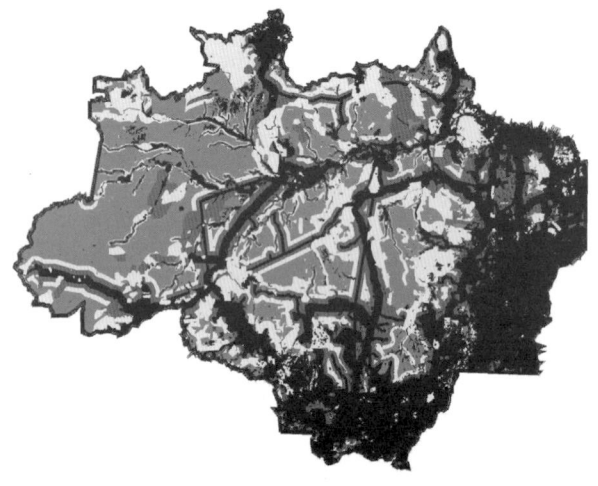

■ Desmatamento completo ou alta degradação, incluindo cerrado e outras áreas não-florestais
■ Degradação moderada
□ Degradação leve
■ Floresta intacta

Fonte: Science (v. 291, 19/01/2001; p. 438)

Cenário não-otimista: restariam 5% de mata

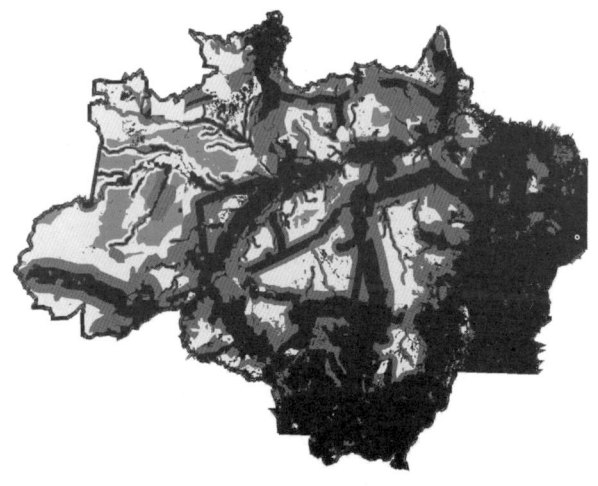

■ Desmatamento completo
ou alta degradação, incluindo
cerrado e outras áreas não-florestais
▨ Degradação moderada
☐ Degradação leve
▨ Floresta intacta

O segundo trabalho veio à tona em novembro de 2000, novamente pelas mãos de pesquisadores norte-americanos associados com brasileiros, dessa vez numa instituição científica mais tradicional, o Instituto Nacional de Pesquisas da Amazônia (Inpa), mantido pelo governo federal. Liderado pelo ecólogo William Laurance, tinha o claro propósito de refinar os cálculos efetuados pelo grupo de Nepstad, na medida em que se propunha a incluir todas as estradas do Avança Brasil, mais as hidrovias e hidrelétricas previstas no plano desenvolvimentista e a construção de linhas de transmissão de energia elétrica. Submetido à prestigiada revista científica norte-americana *Science*, o artigo vazou para a imprensa brasileira antes mesmo de ter recebido a aprovação final dos revisores especializados, que seus editores contatam na tentativa de garantir a publicação só de trabalhos que satisfaçam os mais altos padrões de pesquisa (um processo de filtragem conhecido como *peer review*, ou "revisão por pares"). Acabou saindo em janeiro de 2001 na *Science* (vol. 291, 19 de janeiro de 2001; p. 438). O time do Inpa também recorreu ao esquema dos dois cenários, mas pintou-os com tintas ainda mais carregadas: em apenas 20 anos, menos de uma geração, iriam restar somente 28% de mata virgem na Amazônia, na previsão mais otimista, ou meros 5%, na estimativa menos otimista, como resultado do Avança Brasil (hoje ainda há 83% da floresta de pé, boa parte intocada).

O projeto de integrar a Amazônia ao Brasil a golpes de estradas como a Transamazônica e a Belém–Brasília dura já quatro décadas. Partiu do conceito duvidoso de que a região representava um "vazio demográfico" (do qual certamente discordariam os índios e as populações ribeirinhas) e estaria portanto vulnerável a apetites estrangeiros. Além de estradas, estava nos planos a ocupação por meio de projetos de colonização agrícola e de latifúndios agropecuários, artificialmente induzidos por incentivos fiscais. Depois vieram os grandes projetos públicos de infra-estrutura e mineração, como a hidrelétrica de Tucuruí e a exploração da serra de Carajás. Com o Avança Brasil, alteraram-se alguns objetivos — na mira está agora o escoamento da produção da soja que avança sobre o cerrado circundante —, mas não a mentalidade que engendrou um "desenvolvimento" no mínimo discutível, como bem resumiu o relatório do Ipam:

"Em função dessa política de ocupação, a população humana na região cresceu de 4 milhões para 10 milhões entre 1970 e 1991, e muitas famílias foram assentadas. O rebanho bovino cresceu de 1,7 milhão de cabeças (1970) para 17 milhões em 1995. Nesse período, a produção de ferro, bauxita e ouro da região rendeu cerca de US$ 13 bilhões. O produto interno bruto (PIB) da Amazônia, que era de US$ 1 bilhão por ano em 1970, subiu para US$ 25 bilhões em 1996 (3,2% do PIB nacional). No entanto, em 1991, quase 60% da população amazônica possuía renda insuficiente e a taxa de analfabetismo era de 24%, uma das mais elevadas do Brasil, situando-se abaixo somente da região Nordeste. Atualmente, a Amazônia detém a pior distribuição de renda do Brasil, que, por sua vez, é um dos países com os piores problemas de desigualdade do mundo".

O VALOR DA FLORESTA

O objetivo central deste livro é desfazer a imagem de que a floresta tenha estado ou vá estar aí para sempre. Acabar com o mito de que a exuberância amazônica, apesar de abarcar mais da metade do território nacional, representa "florestas virgens tão antigas quanto o mundo", como se referiu o naturalista francês Auguste de Saint-Hilaire às matas brasileiras. Ou, ainda, que seja tão vasta e perene a ponto de carecer de valor, ensejando sem maiores conseqüências uma exploração predatória como a que dizimou a mata atlântica em cinco séculos de colonização.

Não menos fundamental, porém, será a noção de que o valor entesourado na maior floresta tropical do mundo precisa ser apropriadamente avaliado e explorado, o que equivale a dizer que ela deve ser ocupada e utilizada de maneira sustentável, de modo a garantir a sobrevivência para uma parcela crescente de brasileiros, de preferência com uma renda e um nível de vida igualmente ascendentes. Qualquer outra proposta para a Amazônia, seja de preservação, seja de exploração, que não atenda a esse objetivo social, está fadada ao fracasso.

Como disse Euclides da Cunha numa famosa frase, relembrada pelo jornalista Ricardo Arnt em ensaio de 1991 ("Um Artifício Orgânico"): "A Amazônia é a última página, ainda por escrever-se, do Gênese". Ela terá de ser escrita por todos os cidadãos de um país que carrega o nome de uma árvore à beira da extinção, marca indelével de uma nação que principiou pela destruição sistemática de florestas, mas que nem por isso precisa insistir sistematicamente no erro.

Quanto às páginas do livro, serão escritas e apresentadas numa ordem concebida com a intenção de demonstrar a necessidade racional de revisar, desde a raiz, as noções mais correntes sobre a floresta amazônica. Sobre a floresta, bem entendido, e não sobre a Amazônia como unidade geopolítica. Não havendo como abarcar, numa obra desta extensão, todos os aspectos políticos, militares e estratégicos de um território tão vasto e problemático, optou-se por concentrar o foco naquilo que há de mais básico para esse debate: o ecossistema, em suas interações mais imediatas com as populações humanas e com o clima, regional e mundial. É manifesto que somente essas informações de fundo mais científico e econômico são insuficientes para dirimir os muitos debates sobre os destinos da macrorregião, do projeto Sivam ao problema da biopirataria, mas também não é menos certo que muitas das falsas polêmicas sobre ela seriam rapidamente resolvidas com apoio mais sólido e mais freqüente nessas mesmas informações.

No capítulo 1, os temas serão as riquezas mais propaladas da Amazônia, sua biodiversidade (riqueza biológica, ou quantidade de espécies) e sua sociodiversidade (riqueza cultural, ou multiplicidade de nações indígenas e populações tradicionais que a habitam e exploram, exercendo maior ou menor grau de pressão sobre o ambiente). O objetivo do capítulo será demonstrar que, apesar de todo o potencial dessa massa de diversidade e de conhecimento tradicional sobre seus usos para a nascente indústria da biotecnologia, dificilmente resultará daí uma forma predominante de atividade econômica, capaz de prover níveis crescentes de renda para milhões de pessoas. Extrativismo (borracha, castanha, essências) e sistemas agroflorestais (culturas perenes como cupuaçu, açaí e pupunha, por exemplo) são soluções atraentes, em particular se voltadas para o beneficiamento e o aumento do valor agregado dos produtos, mas dificilmente sustentariam mais que populações locais. Além disso, com a transformação progressiva da engenharia genética numa tecnociência da informação, a matéria-prima das seqüências genéticas naturais tenderá a perder importância.

O capítulo 2 será todo ele dedicado ao maior e mais problemático produto do extrativismo, a madeira. Sua exploração nos moldes atuais, absolutamente predatórios, tem funcionado como elo fundamental na cadeia de devastação iniciada com a abertura de estradas. Mas existem alternativas, como vêm comprovando projetos de manejo sustentável (extração racionalizada, que reduz drasticamente o desperdício e prepara o retorno à mesma área, três décadas após o primeiro corte) e de certificação ambiental de madeireiras, de olho num mercado internacional "ecologicamente correto". A principal conclusão do capítulo será que a madeira, mais que a agropecuária ou o extrativismo de produtos não-madeireiros, pode constituir a base de uma economia florestal para a Amazônia, com potencial para gerar renda e emprego para a maior parte de sua população, sem necessariamente levar à degradação da floresta.

Um dos aspectos mais fascinantes da floresta amazônica, suas relações com o clima regional e global, será contemplado no capítulo 3. A apresentação de alguns dos maiores e mais criativos projetos científicos em curso nas florestas tropicais do mundo, como o Experimento de Grande Escala da Biosfera-Atmosfera na Amazônia (mais conhecido pela abreviação inglesa LBA) e o Projeto Seca-Floresta, servirá para extrair conclusões aparentemente paradoxais, como a de que a floresta é fundamental para a sua própria sobrevivência, ou a de que seus padrões de nebulosidade e de precipitação se parecem mais com aqueles que prevalecem sobre os oceanos do que com os observados sobre os continentes. Em resumo, que a permanência da floresta é crucial para a manutenção de ciclos vitais para o clima e para a economia, justificando a emergência de um conceito que pode revolucionar a forma como se vê a Amazônia: o de serviços ecológicos, ou a contribuição da floresta para insumos equivocadamente tidos como inesgotáveis e, por isso, sem valor, como o maior aparelho de produção de água doce do planeta.

No capítulo final será defendida a conclusão de que a floresta tem, sim, um enorme valor. O que falta é quantificá-lo, explorá-lo e distribuí-lo melhor. Ou seja, que a paisagem florestal, a biodiversidade e a biomassa são *commodities* do futuro e já se encontram em pleno processo de valorização, produto da escassez crescente. Caberia assim, aos brasileiros, preservá-las, menos em benefício da humanidade que de seu próprio país; e por razões práticas, antes mesmo das motivações éticas (como a não-dilapidação de um patrimônio que também pertence às gerações futuras, as quais continuarão a necessitar dos serviços que a floresta provê ao homem). Enfim, que a exploração racional da floresta amazônica e sua conseqüente conservação constituem também um imperativo de ordem civilizatória, além de pragmática.

Índio baniwa trança fibras de planta arumã na fabricação de cesta para venda em lojas de decoração de São Paulo, um projeto do Instituto Socioambiental (ISA), da Federação das Organizações Indígenas do Rio Negro (Foirn) e da Organização Indígena da Bacia do Içana (Oibi)

1. DO PIQUIÁ AO CURARE

O TESOURO DA BIODIVERSIDADE

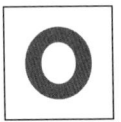s caçadores da Amazônia adoram o piquiazeiro (*Caryocar villosum*). Não tanto pela beleza das milhares de flores peludinhas que a árvore de 50 metros desperdiça pelo chão – até 14 mil unidades por dia, 120 mil por estação –, mas porque esse tapete amarelo é um poderoso atrativo para animais. Raimundinho, de São Sebastião do Rio Capim (Pará), capturou 67 quilos de caça debaixo de uma única árvore, em apenas dois meses de floração. Em mais um exemplo dado por Patrícia Shanley, Margaret Cymeris e Jurandir Galvão no livro *Frutíferas da Mata na Vida Amazônica*, um grupo de sete caçadores de outra comunidade de Rio Capim, revezando-se na tocaia sobre um jirau perto de um piquiazeiro durante três meses, amealhou 232 quilos de carne de caça: 18 pacas, quatro veados, quatro tatus e uma cutia. Em Belém, toda essa carne de caça poderia alcançar quase R$ 1.000,

valor muito próximo da renda *anual* de uma família de Rio Capim.

Isso não é tudo, em matéria do valor da espécie *C. villosum*. Longe disso. Um fruto de piquiá pode valer até R$ 0,50, no mercado de Belém, e cada árvore produz de 500 a mil frutos (como ela não dá todos os anos, a média anual fica em torno de 350 por pé). Sua madeira compacta e pesada é apreciada para a confecção de canoas e para a armação do fundo interno de embarcações maiores. Além da polpa da fruta, também é comestível sua amêndoa, uma iguaria na região do rio Negro (Amazonas). Três dúzias de piquiás podem render mais de dois litros de óleo bom para cozinhar e fritar peixe. Até a casca da fruta é aproveitada, para fazer sabão e tinta para escrever e tingir fios.

O piquiazeiro é só um exemplo entre centenas de plantas úteis da Amazônia. Basta uma volta pelo mercado Ver-o-Peso, em Belém, para se dar conta dessa variedade, mais desconcertante que qualquer farmácia do sul do Brasil. Para dor de garganta e feridas, copaíba (*Copaifera spp.*); azia e hepatite, castanha-do-pará (*Bertolletia excelsa*); fortificante e antigripal, jatobá (*Hymenaea courbaril*); inflamação e repelente, andiroba (*Carapa guianensis*); sinusite e prisão de ventre, uxi (*Endopleura uchi*) – a lista não teria fim, se todos os usos em todas as comunidades fossem exaustivamente compilados.

Isso para não falar de dezenas, talvez centenas, de madeiras que só não são consideradas nobres porque não foram ainda bem estudadas. Num esforço de catalogação e caracterização técnica, a Coordenação de Pesquisas de Produtos Florestais do Inpa, de Manaus, indicou nada menos que 40 espécies, das quais se relacionam abaixo apenas as primeiras, de A a C:

Nome comum	Nome científico	Densidade	Principais usos
Abiurana-abiu	Pouteria guianensis	0,90 g/cm³	Construção pesada, postes, pilares, dormentes e mourões.
Andiroba	Carapa guianensis	0,43 g/cm³	Móveis, assoalhos, divisórias, construção leve, caixas e compensados.
Angelim-da-mata	Hymenolobium excelsum	0,66 g/cm³	Construção, assoalhos, objetos torneados, móveis e compensados.
Angelim-pedra	Hymenolobium pulcherrimum	0,67 g/cm³	Construção, assoalhos, divisórias, móveis, dormentes, postes e pilares.
Angelim-rajado	Pithecelobium racemosum	0,81 g/cm³	Construção pesada, dormentes e objetos de adorno.
Cajuaçu	Anacardium giganteum	0,44 g/cm³	Caixas, engradados e paletes.
Cardeiro	Scleronema micranthum	0,59 g/cm³	Móveis, assoalhos e compensados.
Caroba	Jacaranda copaia	0,35 g/cm³	Molduras, divisórias, móveis, caixas e compensados.
Casca-doce	Glycoxylon inophyllum	0,73 g/cm³	Construção, dormentes, postes e pilares.
Castanha-jacaré	Corythophora rimosa	0,84 g/cm³	Construção, dormentes, postes e pilares.
Cedrorana	Cedrelinga catenaeformis	0,46 g/cm³	Construção leve, embarcações, móveis, caixas, paletes e divisórias.
Coração-de-negro	Swartzia panacocco	0,97 g/cm³	Móveis especiais, instrumentos musicais e pilares.
Cumaru	Dipteryx odorata	0,97 g/cm³	Construção pesada, dormentes e torneados.
Cumarurana	Dipteryx polyphylla	0,83 g/cm³	Torneados, móveis, postes e pilares.
Cupiúba	Goupia glabra	0,60 g/cm³	Peças curvadas, dormentes e postes.

B-17, O GRUPO DOS NOVOS RICOS

A Amazônia é o luxo tropical do Brasil. Não bastasse reunir a maior concentração de primatas do planeta (62 das 79 espécies que ocorrem no país), deu-lhe no dia de seu aniversário de 500 anos duas novas espécies, os sagüis *Callithrix manicorensis* e *Callithrix acariensis*. Antes deles, só sete novas espécies de macacos haviam sido descritas em uma década inteira. O anúncio foi feito em 21 de abril de 2000 pelos biólogos Marc van Roosmalen, Tomas van Roosmalen, Russell Mittermeier e Anthony Rylands, que assinavam o artigo de descrição na revista especializada *Neotropical Primates*. Poucos países no mundo podem ostentar esse tipo de riqueza – que inclui ainda cerca de 5 mil espécies de árvores, contra não mais que 650 em toda a América do Norte.

Russell Mittermeier era também o presidente da ONG Conservation International (CI), que organizou e publicou o volume *Megadiversity – Earth's Biologically Wealthiest Nations* (Megadiversidade – as Nações Biologicamente Mais Ricas da Terra). Além de ser um *coffee-table book* de primeira linha, com fotografias deslumbrantes, *Megadiversity* é também um manancial de informações sobre a distribuição da biodiversidade no mundo – e das ameaças que pairam sobre ela. Logo no prefácio, vem o alerta de Edward Osborne Wilson, um biólogo politicamente conservador que se tornou patrono da causa da biodiversidade nos anos 80: com o avanço da sociedade humana sobre os ecossistemas do planeta, a taxa de extinção de espécies encontra-se hoje de cem a mil vezes acima do seu ritmo natural. Nesse passo, em 30 anos até um quinto do estoque de diversidade mundial pode desaparecer.

As espécies mais vulneráveis são aquelas das regiões com alto grau de *endemismo*, ou seja, de espécies que só ocorrem em certos hábitats. Com base nesse critério, os autores da CI elaboraram um relação que batizaram como B-17, os 17 países mais ricos em biodiversidade, numa alusão direta ao G-7 (grupo das sete nações mais ricas). Na sua estimativa, o B-17 concentraria pelo menos dois terços das espécies animais do globo (exceto peixes) e mais de três quartos das plantas superiores. Eis a lista completa do B-17: Brasil, Indonésia, Colômbia, México, Austrália, Madagascar, China, Filipinas, Índia, Peru, Papua-Nova Guiné, Equador, Estados Unidos, Venezuela, Malásia, África do Sul e República Democrática do Congo (ex-Zaire). "Desnecessário dizer que esse é um modo muito grosseiro de ordenar países, mas serve bem para reforçar o fato de que são sempre os mesmos países que encabeçam as listas globais", justificam os autores.

Com mais de 50 mil espécies de plantas e 3 mil de peixes de água doce, a maioria na Amazônia, o Brasil lidera o *ranking* de biodiversidade estabelecido pela CI, seguido pela Indonésia. "O simples tamanho da Amazônia, sua localização tropical, a grande variedade de tipos de hábitat e o fato de que boa parte da área ainda esteja intacta fazem dessa região um dos grandes armazéns de biodiversidade que permanecem no planeta; as estimativas quanto à fatia da diversidade global ali encontrada oscilam entre 10% e 15%", afirma o estudo.

A riqueza da Amazônia brasileira é também cultural, pois ela concentra a grande maioria das 180 línguas indígenas faladas por 206 etnias (nações) no Brasil, segundo informa Nietta Lindenberg Monte, da Comissão Pró-Índio do Acre, na coletânea *As Línguas Amazônicas Hoje*. Esses idiomas representam cerca de metade de todos os empregados por populações indígenas nas Américas, embora viva no Brasil no máximo 1% do total de índios do continente. Em outras palavras, também no aspecto da sociodiversidade o Brasil, Amazônia à frente, é o campeão de endemismo – e de genocídio, pois calcula-se que somente nos últimos cem anos 80 etnias tenham desaparecido de solo brasileiro, além de tantas outras nos quatro séculos anteriores de colonização. Daqueles 206 povos sobreviventes, 110 contam com menos de 400 indivíduos falantes de sua língua. Desses 110 povos, 24 têm menos de 50 falantes e outros nove, apenas 20.

Se merece ser lamentada a extinção de uma única espécie vegetal ou animal, produto de milhares ou milhões de anos de um percurso evolutivo que não se repetirá, o desaparecimento de uma etnia ou de um idioma que seja, por razões evitáveis, deveria cobrir de vergonha a sociedade que o patrocina ou permite. Talvez seja anacrônico estender esse universalismo humanista para séculos passados, quando imperava a moralidade particularista da guerra e da conquista, mas não ao presente. Com cada povo desses, desaparece não só uma língua, fulcro de sua identidade, mas todo um sistema de crenças, mitos, usos, costumes e técnicas que resume muitos séculos e gerações de interação de homens com outros homens e de homens com o ambiente, aí incluídos conteúdos práticos e estéticos que só poderiam enriquecer outras culturas com que travasse contato. Conhecimentos sobre espécies animais e sua biologia (ou história natural, como se dizia antigamente), ou sobre usos medicinais de plantas, ou ainda sobre variedades silvestres valiosas de vegetais importantes para a agricultura comercial, como mandioca, milho, batata, tomate – todos eles originários das Américas.

"Tanto a biodiversidade quanto a diversidade cultural humana estão desaparecendo rapidamente, e a janela de oportunidade que permanece para proceder à sua pesquisa já é pequena e continua a encolher", alertam Mittermeier e seus colaboradores em *Megadiversity*. "Entretanto, no curto e no médio prazo, também é importante demonstrar que a conservação da biodiversidade pode ser uma situação de ganho para todos igualmente em termos econômicos, e que o rico patrimônio biológico que os países da megadiversidade são tão afortunados de possuir não é um ônus, mas uma vantagem competitiva das maiores. Isso está apenas começando a ser percebido em muitos círculos, mas é quase certo que se tornará muito mais evidente com o rápido crescimento da indústria biotecnológica (para a qual a biodiversidade é a matéria-prima), a explosão do ecoturismo, o crescente interesse em produtos naturais de tantos tipos e o crescente reconhecimento, documentação e quantificação dos muitos bens e serviços que a biodiversidade já oferece."

ENSINAR A ALIMENTAR O PEIXE

Se demora a fincar raízes nos gabinetes que realmente decidem o futuro da Amazônia em Brasília (e que raramente são os do Ministério do Meio Ambiente), a noção de que a floresta rende mais – por mais tempo – quando manejada do que quando convertida imediatamente em adubo pela queimada está progredindo silenciosamente entre os igarapés e as várzeas. Por exemplo na ilha do Ituqui, a jusante da cidade paraense de Santarém, na margem direita do Amazonas.

Ali, com o apoio da ONG Ipam, está em curso o Projeto Várzea, fruto de uma iniciativa comunitária batizada como Grupo Renascer, criado em 1992 para enfrentar um pecuarista que queria introduzir búfalos na ilha defronte. Com a continuada diminuição do pescado retirado das lagoas de várzea (acaris-bodós, tambaquis, curimatãs e pirarucus, entre os mais valorizados), os associados se organizaram para implantar duas inovações: uma espécie de zoneamento com regras para a pesca nos lagos da ilha, de um lado, e um reflorestamento com 14 espécies arbóreas sabidamente fornecedoras de abrigo e de alimentos para os peixes, em geral frutos (como uruá, socoró, bacuri e pau-mulato). No final de 1999, 2 mil mudas já haviam sido plantadas, em mais de dez hectares. Boaventura Paula Coelho, "seu Boa", um dos líderes, que desconhece o significado teórico da expressão "sustentabilidade", resume-a numa sentença simples: "É preciso dar comida e abrigo para o peixe".[7]

Iniciativas como essa proliferam pela Amazônia, quase sempre com um pequeno empurrão de ONGs e estrangeiros cheios de boas intenções e de fundos a perder. É o caso do Projeto Reca (Reflorestamento Ecológico, Consorciado e Adensado), em Nova Califórnia, noroeste de Rondônia, milhares de quilômetros a oeste de Ituqui. Liderados por um ex-militante católico de base do Paraná, um padre francês e um sem-terra de Santa Catarina, essa comunidade usou dinheiro de igrejas cristãs holandesas para financiar no começo dos anos 90 o abandono de infrutíferas lavouras de arroz e milho em favor de culturas perenes

---

[7] Ver reportagem de minha autoria, publicada na *Folha de S.Paulo* em 21 de novembro de 1999 (p. 3-14), "Pescadores Estão Reflorestando a Várzea".

autóctones. Plantadas lado a lado no mesmo terreno, castanheiras (*Bertholletia excelsa*), pés de cupuaçu (*Theobroma grandiflorum*) e palmeiras de pupunha (*Bactris gasipaes*) resultam numa espécie de bosque que imita a própria floresta, protegendo o solo das intempéries e da erosão.

A pupunheira dá os resultados mais rápidos, na forma de frutos, que alimentam homens e gado, e de palmito – com a vantagem de crescer e rebrotar em touceiras, não exigindo o sacrifício da planta inteira para obter um único palmito, como no caso da palmeira-juçara da mata atlântica (*Euterpe edulis*), espécie hoje ameaçada. Em poucos anos, começa a colheita dos frutos do cupuaçu, um parente do cacau cuja polpa perfumada resulta em sucos e sorvetes apreciados por consumidores de alta renda no sul do Brasil e no exterior. Em meados da década, os agricultores do Projeto Reca, reunidos em cooperativa, já batalhavam financiamento do Banco do Brasil para instalar um túnel de congelamento na sua pequena fábrica de beneficiamento de cupuaçu.

Extraída *in loco*, embalada a vácuo e congelada, a polpa da fruta pode ser faturada a um preço muito mais próximo daquele que alcançará na venda ao consumidor final, aumentando a renda do produtor amazônico. É o princípio da agregação de valor ao produto extrativista, que vem provocando, nas duas últimas décadas, uma série de microrrevoluções na Amazônia. De Xapuri, no Acre (a terra de Chico Mendes), a Iratapuru, no Amapá, a palavra de ordem tem sido uma só: beneficiar o produto no próprio seringal ou castanhal, que logo ganharia estabilidade fundiária com a transformação em reserva extrativista. Da folha por defumação líquida para a borracha, vendida diretamente a indústrias de artefatos cirúrgicos (como luvas), à secagem, classificação e embalagem de castanhas para exportação diretamente do Acre, ou à produção de biscoitos para a merenda escolar na rede pública do Amapá, produtores até há pouco conhecidos pejorativamente como caboclos estão se livrando do domínio ancestral dos patrões de seringais e castanhais, de quem só recebiam pagamento em gêneros, para serem agregados à economia monetária e conquistar, assim, alguma cidadania. Só na Reserva de Desenvolvimento Sustentável de Iratapuru, a produção de biscoitos amanteigados de castanha acrescentou R$ 250 mensais à renda de 65 famílias reunidas na cooperativa. Com a Tecbor – a nova tecnologia de beneficiamento da borracha, como também é conhecida a folha por defumação líquida –, planejam acrescentar até outros R$ 500 mensais. Valor agregado é isso.

Essas pequenas revoluções extrativo-capitalistas estão chegando também a populações indígenas (no bom sentido, porque o capitalismo predador de madeira, como a extração de mogno, já alcançou outras etnias há anos). Depois de muitas décadas vendendo artesanato a preço de banana para atravessadores, relação de troca que acabava padronizando e descaracterizando culturalmente os objetos, índios como os baniwas, do rio Içana, região do alto rio Negro (AM), estão descobrindo novas formas de relacionar-se com o mercado. Numa megaoperação montada com apoio da Federação das Organizações Indígenas do Rio Negro (Foirn) e do Instituto Socioambiental (ISA), sua cestaria de arumã (*Ischnosiphon spp.*, uma planta fibrosa que cresce em terrenos úmidos) atravessa 19 cachoeiras e cinco baldeações entre barcos e caminhões para chegar às lojas Tok & Stok de São Paulo, passando por São Gabriel da Cachoeira, Camanaus, Manaus e Belém. Urutus, balaios, jarros e peneiras – ou, melhor dizendo, *oolóda, waláya, kaxadádali* e *dopítsi* – com um sofisticado padrão gráfico, que antes chegavam a ser trocados por roupas velhas numa missão católica, passaram a render dinheiro de verdade para os 22 povos da etnia. Está longe de ser a globalização venerada nos gabinetes de Brasília, mas caberia bem em qualquer definição de modernização, sobretudo naquelas que incluírem entre seus critérios a melhoria do nível de vida da população.

O CELEIRO DE FÁRMACOS

Além de melhorar a vida de índios e ribeirinhos, esse neo-extrativismo de valor agregado tem a grande vantagem, do ponto de vista ambiental, de exigir a manutenção da floresta para ser bem-sucedido. Sem esse gênero de alternativa econômica rentável, tais populações tradicionais dificilmente escapariam do círculo vicioso de venda de madeira em pé por preços aviltados a madeireiros, derrubada e queimada da floresta, esgotamento em dois ou três anos da fertilização obtida com as cinzas e abertura de novas áreas. Nessa nova visão ambientalista, que ainda está distante de ser consensual entre as ONGs, o caboclo e o indígena deixam de ser ameaças à floresta para assumirem – ao menos potencialmente – o papel de biozeladores. Terras indígenas e reservas extrativistas passariam a ter também um papel como unidades de conservação, funcionando até mesmo como tampões de proteção para as formas mais tradicionais de reserva, como parques e florestas nacionais.

Foi essa a visão que emergiu, não sem muitas e penosas discussões entre ONGs mais tradicionalmente preservacionistas e outras mais abertas à questão social, do Seminário de Consulta Biodiversidade na Amazônia, em setembro de 1999, para cumprir parte das obrigações assumidas pelo país ao assinar a Convenção da Biodiversidade, em 1992 (como a realização de inventários biológicos). Duas centenas de especialistas, reunidos por cinco dias em Macapá (AP), saíram dali com um mapa indicando 378 áreas prioritárias para conservação, por abrigarem número significativo de espécies endêmicas ou ameaçadas de extinção (das quais 64 áreas foram consideradas ultraprioritárias, algumas delas por se encontrarem no caminho dos eixos de "desenvolvimento" do Avança Brasil). Ao casar esse mapa com o de terras indígenas, a surpresa: ocorriam superposições em 121 das 378 áreas. No final do seminário, já se falava em um novo tipo de figura fundiária, algo como reservas naturais indígenas. Elas serviriam, se um dia vierem a ser criadas, não só para preservar recursos de biodiversidade, mas também para garantir seu usufruto exclusivo pela população indígena local.

Preservar a floresta e, ao mesmo tempo, os povos que a habitam seria como matar duas pacas com uma bordunada só. Garante-se tanto a sobrevivência de espécies de plantas, microrganismos e insetos ainda desconhecidos como os saberes tradicionais sobre ao menos parte dessa biodiversidade, saberes que – segundo uma concepção que se tornou popular depois da Conferência das Nações Unidas Sobre Ambiente e Desenvolvimento, realizada em 1992 no Rio (a Rio-92, ou Eco-92) – poderiam dar pistas valiosas para a descoberta de novos fármacos, por exemplo curas potenciais para o câncer ou para a Aids. Afinal, segundo outro papa da biodiversidade, o britânico Norman Myers, pelo menos um quarto dos remédios em uma farmácia comum provém direta ou indiretamente de organismos tropicais, sobretudo plantas. Ele estima, no livro *The Primary Source – Tropical Forests and Our Future* (A Fonte Primária – as Florestas Tropicais e o Nosso Futuro), que esses produtos tenham um valor de mercado de US$ 20 bilhões ao ano, mundialmente.

Myers acredita que menos de 1% das plantas tropicais foram estudadas sistematicamente. Imagine-se, portanto, a fortuna farmacológica que não estaria escondida na mata. Uma das razões que tornariam as florestas tropicais tão atraentes para a bioprospecção, além da pura e simples concentração de biodiversidade, é o fato de que elas guardam uma proporção acima do normal de plantas produtoras de substâncias alcalóides, com cada planta produzindo, igualmente, uma quantidade incomum desses compostos complexos (alguns deles muito conhecidos do público, para o bem e para o mal, como cocaína, quinina, efedrina, cafeína e nicotina). Mas os dois grandes exemplos de alcalóides descobertos em florestas tropicais com propriedades medicinais importantes datam ainda da década de 70: vincristina e vinblastina. Eles foram desenvolvidos pelos laboratórios Eli Lilly, como narra Myers em seu livro, a partir de pistas oferecidas por curandeiros da Jamaica e de Madagascar sobre o uso medicinal de flores minúsculas do gênero *Vinca*: "Graças aos alcalóides *Vinca* obtidos dessa planta, um criança com leucemia, que teria tido em 1960 só uma chance em cinco de entrar em remissão, agora pode contar com quatro chances em cinco".

Só na América Latina (ou seja, principalmente na Amazônia), ainda segundo Myers, haveria pelo menos 80 mil plantas que deveriam ser testadas em busca de sinais de atividade laboratorial contra tumores. Só umas 8 mil testariam positivamente e, dessas, *três* teriam condições de converter-se em estrelas farmacológicas da grandeza da vincristina ou da vinblastina. Como o *killer* latino-americano na luta contra a Aids e o câncer (as doenças que mais rendem na mídia) ainda não apareceu, o carro-chefe da propaganda pró-biodiversidade amazônica ainda é o curare, preparado extraído por indígenas amazônicos do cipó *Strychnos toxifera* para envenenar pontas de flechas e de lanças. Ele contém dois alcalóides poderosos: curina (que paralisa o músculo cardíaco) e curarina (que paralisa músculos voluntários). As primeiras formas sintéticas desses compostos foram criadas pelo farmacologista italiano Daniel Bovet ainda no final dos anos 40 e permanecem largamente empregadas em cirurgias, como relaxantes musculares.

Talvez seja cedo para perder a fé no advento de drogas milagrosas desde os grotões da floresta amazônica, panacéias capazes de salvar milhões de vidas e de elevar drasticamente o padrão daquelas que contribuírem, na selva, para sua descoberta e preservação (se um dia forem postos em prática os preceitos generosos da Convenção da Biodiversidade, que prevê a remuneração de conhecimentos tradicionais). Mas há também outra ordem de razões para acreditar que desse mato não sairão tantas galinhas dos ovos de ouro para os caboclos da Amazônia, razões que surgem de uma análise dos últimos desenvolvimentos da biotecnologia e da farmacologia.

Em primeiro lugar, a diversidade bioquímica e genética é hoje rapidamente transformada em informação, um bem apropriável por quem propõe a invenção, por meio de patentes, e não necessariamente por quem participa da descoberta. Em outras palavras, perde importância o organismo que encerrava aquela peculiaridade bioquímica e genética; uma vez decodificados, a substância ou o gene podem ser reproduzidos ou sintetizados, em qualquer laboratório do mundo, com a seqüência de moléculas, aminoácidos ou bases nitrogenadas que os individualiza transmitida em anexos de mensagens de correio eletrônico, já traduzida em bits.

Outro vetor do desenvolvimento, mais preocupante de um ponto de vista amazônico, permite especular que esse ecossistema venha a perder relevância até mesmo como fornecedor de matéria-prima, ou seja, de biodiversidade bruta. Com a finalização em 2001 da transcrição do genoma humano (a seqüência completa de genes da espécie, que tem 3 bilhões de caracteres), a indústria farmacêutica passa a contar com um poderoso gerador de substâncias-alvo para pesquisa.[8] Da genômica (seqüenciamento de DNA e identificação de genes) se passará para a proteômica (análise das proteínas por eles codificadas, das estruturas e de sua interação). Conhecendo em detalhe os sítios ativos das proteínas do corpo humano, ou seja, as regiões de sua estrutura tridimensional que lhes conferem esta ou aquela função, os cientistas esperam tornar-se capazes de projetar pequenas moléculas que possam ligá-las e desligá-las a qualquer momento, transformando curas e tratamentos numa espécie de sintonia fina bioquímica, até mesmo sob medida para cada indivíduo. Muitos dos testes passarão a ser virtuais, com a atividade química dessas pequenas moléculas simuladas em computador.

Há razões para descrer de que esse futuro esteja próximo, mas não para duvidar de que a indústria es-

---

[8] Ver, de Mônica Teixeira, *O Projeto Genoma Humano*, nesta mesma série (Publifolha, 2000).

teja manobrando sua bilionária máquina de pesquisa para um novo curso. A prospecção de novas drogas passará a prescindir, cada vez mais, de organismos desconhecidos e de custosas expedições à floresta tropical; como já se disse, com propriedade, ela deixará de ser realizada *in vivo* e até mesmo *in vitro*, para passar a ser feita *in silico*. Para essa admirável nova farmacologia, se um dia vier a existir, a Amazônia será perfeitamente irrelevante – se ainda existir.

Vendedores de cupuaçu e pupunha, frutas típicas da região amazônica, na beira da BR-174 (Manaus–Boa Vista)

Toras extraídas de floresta certificada para manejo sustentável no pátio da Mil Madeireira, em Itacoatiara, estado do Amazonas

2. DO TRATOR DE ESTEIRA AO *SKIDDER*
MADEIRA COM SELO VERDE

O encontro no café da manhã do Hotel Tropical de Manaus, naquele 4 de outubro de 1999, não poderia ser mais inusitado. No mesmo salão estavam Norberto Hübner, da madeireira Cibra, o financista John Forgách (do Banco Axial, organizador de fundos de investimento em desenvolvimento sustentável), o presidente da rede de lojas Tok & Stok, Regis Dubrule, o economista André Guimarães, do Banco Mundial, o ambientalista Roberto Smeraldi, das ONGs Amigos da Terra e Grupo de Trabalho Amazônico (GTA), e muitos outros personagens que, de comum, tinham somente algum interesse — direto ou remoto — em madeira. E não era por simples acaso que eles dividiam a refeição, mas como participantes do encontro Produção Sustentável de Madeira na Amazônia: Oportunidades de Negócios, organizado pelo Banco Mundial, com financiamento do Programa Piloto Para Proteção das Florestas Tropicais do Brasil (mais conhecido pela abreviação PPG-7, um fundo conservacionista criado pelos sete países mais ricos do mundo). Como sempre nesse tipo de reunião, é nas mesas de refeição e na hora do cafezinho que acontecem as conversas mais importantes, como as que dariam corpo, dois dias depois, ao primeiro grupo comprador de madeira certificada do Brasil.

Para muitos dos 110 participantes do encontro, madeira certificada ainda era um conceito para lá de abstrato. A poucas dezenas de metros do restaurante, porém, já no caminho do salão do hotel onde seriam realizados os debates, um exemplo muito concreto estava nos braços de Rubens Gomes, na forma de um violão Manaós dedilhado pelo músico e *luthier* (construtor de instrumentos), natural de Serra do Navio (AP). Em lugar de pinho, o tampo era de marupá (*Simaruba amara*), madeira branca e leve; o braço, de cedro; a escala, em lugar do hoje raro ébano, levava gombeira ou coração-de-negro (*Swartzia grandifolia* ou *Swartzia panacocco*), escura e densa; fundo e lateral saem do avermelhado pau-rainha ou muirapiranga (*Brosimum rubescens*), substituto do jacarandá em extinção. Todas elas madeiras amazônicas e certificadas, vale dizer, extraídas de modo ambientalmente tolerável e sustentável, reconhecido pela maior entidade auditora do planeta, o Conselho de Manejo Florestal (ou FSC, Forest Stewardship Council).

Não parte certamente da indústria de instrumentos musicais a maior pressão de demanda que move a exploração predatória de madeira, na Amazônia ou em qualquer lugar do mundo. Tampouco vem ela de consumidores japoneses, europeus ou norte-americanos, como parecem pensar muitos brasileiros que nunca pisaram na Amazônia ou, se pisaram, não foram muito além dos corredores do Hotel Tropical ou das passarelas do Ariaú Jungle Towers. Poucos sabem que o Brasil, mesmo sendo, de fato, o maior produtor mundial de madeiras tropicais, é também o maior consumidor. Ou seja, que a maior parte da madeira extraída da floresta amazônica, muitas vezes de forma ilegal, se destina ao próprio mercado brasileiro, sobretudo para o Sul e o Sudeste, e não só, nem principalmente, para a confecção de móveis de luxo, mas sim para a construção civil.

Os dados mais recentes e confiáveis sobre a produção madeireira não provêm do governo federal, como seria de esperar. Essa indústria, tão velha quanto a civilização humana, não faz parte do andaime conceitual da modernidade, tal como ela é vista do Palácio do Planalto e da Esplanada dos Ministérios, embora responda por 4% do PIB brasileiro. As informações que se podem encontrar em qualquer publicação especializada foram compiladas, arduamente, por mais uma ONG de pesquisa de Belém, o Instituto do Homem e do Meio Ambiente da Amazônia, o Imazon. Nos anos de 1997 e 1998, seus pesquisadores entraram em contato com 1.393 empresas de 75 pólos madeireiros – definidos como cidades com produção anual de madeira em tora de pelo menos 100 mil metros cúbicos – nos nove estados da chamada Amazônia Legal (todos os da região Norte, mais Mato Grosso, Tocantins e Maranhão). Depois de relacionadas por tipo de indústria (serrarias, laminadoras, fábricas de compensado etc.) e por porte, 50% dessas empresas consideradas representativas do setor foram selecionadas para entrevistas intensivas. Nas comparações com outros países, empregaram-se os dados da Organização Internacional de Madeira Tropical (ITTO, International Tropical Timber Organization).

Em 1997, a produção de madeira em tora da Amazônia foi de 28 milhões de metros cúbicos, dos quais três quartos nos estados do Pará e do Mato Grosso. Cerca de 10% são consumidos na própria Amazônia e apenas 14% vão para exportação. Nada menos que 76% se destinam aos mercados brasileiros fora da região, 20% só para o estado de São Paulo, segundo o livreto *Acertando o Alvo – Consumo de Madeira no Mercado Interno Brasileiro e Promoção da Certificação Florestal*, que o Imazon lançou em junho de 1999 com as ONGs Amigos da Terra e Imaflora (Instituto de Manejo e Certificação Florestal e Agrícola, de Piracicaba, São Paulo). Isso quer dizer que o Brasil é o maior consumidor de madeiras tropicais do mundo, antes de Japão, Indonésia, Malásia, China etc. Só o mercado paulista devora mais toras do que França e Reino Unido juntos, os dois maiores consumidores europeus. As regiões Sul e Sudeste, em conjunto, são o maior "importador" de madeira tropical do mundo.

Mesmo para quem gosta de demonizar compradores insensíveis de países ricos (ou nem tanto), o perigo, definitivamente, não vem da Ásia. Nem dos "ecologicamente corretos" mercados europeu e norte-americano, em que a procedência e o tipo de extração da madeira já influenciam as preferências dos consumidores. Mesmo com todas as projeções indicando que o Brasil vai se tornar o maior exportador de madeiras tropicais nas próximas décadas, o que deverá aumentar a demanda por madeira certificada, o fato é que no presente a pressão vem de um mercado tão pouco desenvolvido quanto o próprio país, para o qual não faz a menor diferença se o mogno saiu ilegalmente de uma reserva indígena, se o plano de manejo exigido por lei para autorizar o corte não passa de ficção de mau gosto ou se, para cada dez árvores derrubadas, só seis ou sete chegam à serraria, ficando o restante perdido na mata. Tão cedo a certificação florestal não deixará de ser vista como perfumaria, pelo menos entre distribuidores de caibros e sarrafos de peroba na periferia da Grande São Paulo. Mas essa situação já começa a mudar para quem compra talheres ou móveis de jardim fabricados no Pará pelo Grupo Tramontina (um gigante de utilidades domésticas que exporta para mais de cem países).

A Tramontina é apenas uma empresa vistosa de um grupo *sui generis* cuja formação começou a ser arquitetada naquele encontro de Manaus, entre outros por Roberto Smeraldi, das ONGs Amigos da Terra e Grupo de Trabalho da Amazônia (GTA). Em abril de 2000, seis meses depois do seminário organizado pelo Banco Mundial na capital amazonense, representantes de 13 empresas participaram do almoço de lançamento do primeiro grupo comprador de madeira certificada do Brasil, numa churrascaria que, de tempos em tempos, distribui mudas de pau-brasil para seus clientes. Hoje, já são 69 companhias e órgãos públicos. Esses grupos, que funcionam em pelo menos 14 países (Reino Unido, Bélgica, Holanda, Áustria, Austrália, Alemanha, Suíça, Estados Unidos, Canadá, Espanha, França, Noruega, Suécia e Finlândia), reúnem organizações que assumem publicamente um compromisso de comercializar ou utilizar como matéria-prima unicamente madeira certificada, ou seja, com o selo do Conselho de Manejo Florestal (FSC). Outros grupos se encontram em processo de formação ou consolidação em locais como Japão, Itália, Coréia do Sul, Taiwan, Hong Kong, África do Sul e Irlanda.

No caso do Brasil, o compromisso ainda é só o de dar preferência ao produto certificado, sem o compromisso de adquiri-lo com exclusividade, uma vez que a oferta de madeira extraída de modo racional ainda é reduzida. Há mais de 5 milhões de hectares produtores de madeira certificados pelo FSC no Brasil, a maioria deles na Amazônia. Uma única madeireira da região, a Mil, de Itacoatiara (AM), estava certificada quando foi criado o grupo comprador, mas outras oito já se encontravam adiantadas no processo de obtenção desse "selo verde". E mais 48 haviam manifestado algum tipo de interesse em adotar esse rumo. Mas, apesar dos atrativos oferecidos pelo mercado, sobretudo o externo e o futuro, não é um caminho fácil nem barato.

COMO E POR QUE CERTIFICAR

Para obter um certificado do FSC atestando que determinada área de floresta produz madeira de modo ambientalmente saudável, um madeireiro precisa fazer um investimento inicial considerável. As técnicas de manejo sustentável exigem que se providencie um inventário prévio da madeira, verdadeiro censo vegetal em que são identificadas e localizadas todas as árvores de valor comercial – na Amazônia, cerca de 350 espécies, número que localmente pode cair para 50 – acima de 30 centímetros de diâmetro à altura do peito (DAP), ou seja, cerca de 1,30 metro acima do solo (serão cortadas em breve somente árvores com mais de 45 centímetros de DAP, mas aquelas entre 30 centímetros e 45 centímetros poderão ficar para um segundo corte). O levantamento não se esgota na identificação e localização, contudo. A equipe, composta por um identificador (mateiro) e três auxiliares, precisa ainda fazer uma estimativa da altura comercial de cada árvore, ou seja, da parte aproveitável de madeira, entre a base e os primeiros galhos, e da qualidade do tronco – se ele é mais, ou menos, reto. Eles também procuram indícios da existência de ocos dentro do tronco, o que atrapalha seu aproveitamento na serraria, e anotam a direção provável de queda da árvore, iluminação, presença de cipós e muitas outras informações.

A operação é repetida em cada talhão de 50 hectares (500 por mil metros) em que a área a ser inventariada é dividida, dando origem a um mapa que servirá de base para todo o planejamento da exploração. "O censo ou inventário florestal 100% é imprescindível para a elaboração do plano operacional de manejo. As informações coletadas no censo, tais como a localização e a avaliação das árvores em termos madeireiros, indicação espacial das zonas cipoálicas e de topografia desfavorável à exploração, permitem calcular o volume a ser explorado e produzir o mapa final do censo. Esse mapa é o instrumento básico para orientar o corte de cipós, o planejamento, a demarcação e a construção de estradas e pátios de estocagem, o corte das árvores, o arraste das toras e os tratamentos silviculturais pós-exploratórios", conclui *Floresta Para Sempre – um Manual Para a Produção de Madeira na Amazônia*, lançado em 1998 pelo Imazon, pelo WWF (Fundo Mundial para a Natureza) e pela Usaid (Agência dos Estados Unidos Para o Desenvolvimento Internacional). A racionalidade do processo pode ser visualmente apreciada pela comparação dos traçados finais das estradas e ramais numa área manejada e noutra de exploração convencional:

Até o término do inventário, o madeireiro estará remunerando equipes relativamente bem qualificadas, para os padrões amazônicos, e pagando a consultoria

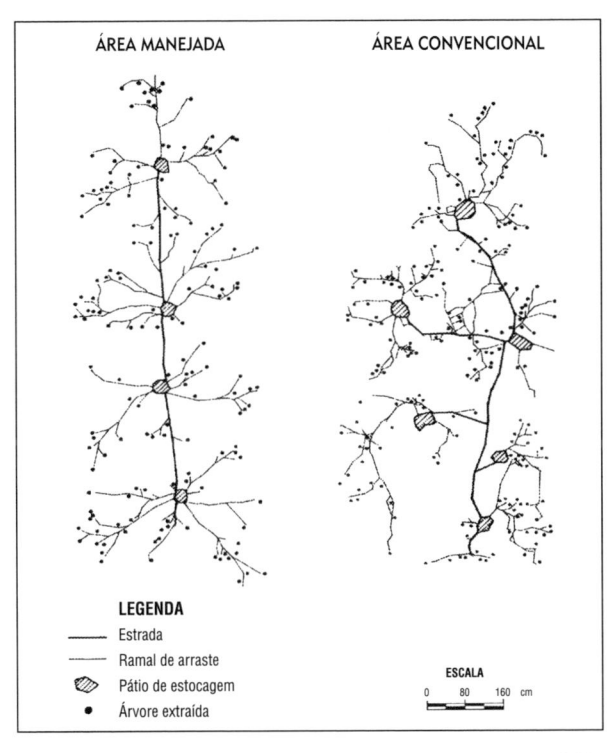

```
┌─────────────────────────────────────────────┐
│  ÁREA MANEJADA        ÁREA CONVENCIONAL     │
│                                             │
│         [diagrama]         [diagrama]       │
│                                             │
│  LEGENDA                                    │
│  ─── Estrada                                │
│  ─── Ramal de arraste                       │
│  ⊘   Pátio de estocagem      ESCALA         │
│  ●   Árvore extraída      0  80  160 cm     │
└─────────────────────────────────────────────┘
```

Fonte: Floresta Para Sempre *(WWF/Imazon/Usaid; p. 131)*

de entidades certificadoras como o Imaflora (credenciado do FSC no Brasil), mas ainda sem retirar nem um tostão de madeira de sua área. Para muitas dessas empresas, descapitalizadas e obrigadas a ir buscar madeira a até 80 quilômetros de sua sede, a exigência é impraticável sem financiamento. Isso para nem falar da aquisição de um trator florestal de rodas do tipo *skidder*, como o Caterpillar 518 C, que custa mais de uma centena de milhares de dólares, mas é 27% mais produtivo e corta o custo operacional em dez centavos de dólar para cada metro cúbico de madeira retirada (de US$ 1,41 para US$ 1,31, segundo dados do Imazon), além de reduzir o dano ambiental. No seminário organizado pelo Banco Mundial em Manaus, uma das questões mais debatidas foi a ausência de linhas de crédito para financiar esse tipo de atividade em bancos oficiais, como o BNDES – cuja sigla, nunca é demais rememorar, significa Banco Nacional de Desenvolvimento Econômico e Social.

As madeireiras que desejarem ou precisarem, mesmo assim, partir para a certificação ainda terão de enfrentar a burocracia do Ibama (Instituto Brasileiro do Meio Ambiente e dos Recursos Naturais Renováveis), como se queixou no encontro um executivo da Gethal, primeira empresa do mundo a ter posto no mercado um compensado com selo do FSC, produzido na Amazônia e todo ele destinado ao mercado externo. Em que pese toda a retórica da globalização, o governo federal precisou de 36 meses para aprovar o plano de manejo da Gethal na sua busca de inovação e de competitividade internacional. "Temos não só de comprar floresta para 25, 30 anos de exploração, como ainda temos de esperar mais três", reclamou Bruno Stern, da Gethal. "O Ibama é uma calamidade. Quando se quer fazer algo legal, não anda. Quem quer fazer corretamente perde para quem faz [manejo] só no papel", corroborou Norberto Hübner, da madeireira Cibra, no encontro de Manaus.

A inércia é o principal obstáculo para a modernização da atividade florestal na Amazônia, com base no binômio manejo sustentável/certificação, isso apesar de ele trazer claras vantagens ambientais *e* econômicas. Os benefícios não se resumem a reduzir em 20% a área de floresta afetada com o manejo sustentável, em comparação com a forma tradicional de exploração, em que os mateiros marcam as árvores de forma pouco metódica, sendo seguidos por equipes de retirada com tratores de esteira, sem mapa algum, destruindo inúmeras árvores menores nas tentativas inúteis de localizar árvores já derrubadas. Nem a abrir apenas 18% do dossel da floresta, contra 27% e até 45%, na exploração convencional (quanto mais abertura na copa das árvores, mais luz do sol penetra no sub-bosque, ressecando-o e tornando-o mais propenso a incêndios). O impacto menor seria apenas algo desejável, mas não economicamente defensável, se não fosse possível demonstrar o que o próprio bom senso indica: que ele é também uma maneira eficaz de reduzir custos e aumentar a produtividade da atividade madeireira.

Esse é o objetivo principal de outra brochura do Imazon, *Custos e Benefícios do Manejo Florestal Para Produção de Madeira na Amazônia Oriental*. O texto apresenta os resultados concretos de um projeto-piloto de manejo conduzido pelo Imazon e pelo WWF no pólo madeireiro de Paragominas, Pará, em 1996, que também serviu de base para o manual *Floresta Para Sempre*.[9] Empregaram-se no estudo 200 hectares de floresta densa de terra firme, a 20 quilômetros da cidade, dos quais cem foram explorados conforme as regras do manejo sustentável. Outros 75 seguiram o padrão tradicional e 25 foram mantidos intocados, para estudos comparativos. De início parecia impossível encontrar um proprietário disposto a emprestar suas terras florestadas para a experiência, mas com muita conversa os pesquisadores do Imazon acabaram convencendo

---

[9] Ver o site do Imazon: www.imazon.org.br/

os donos da Fazenda Agrocet de que estavam ali em busca de soluções, e não de culpados.

A conclusão do estudo – liderado pelo ecólogo norte-americano Christopher Uhl, pequisador da Universidade Estadual da Pensilvânia e fundador do Imazon – foi que a área explorada com manejo teve rentabilidade 35% maior do que a sem manejo, em razão de uma produtividade de trabalho superior, e isso já na primeira colheita de madeira. Como essa forma de extração também se pretende sustentável, os autores do Imazon estimaram igualmente qual seria o rendimento de um segundo corte, 30 anos depois. Pelos seus cálculos, consideradas as duas colheitas, o manejo teria rentabilidade entre 38% e 45% superior, dependendo das taxas de desconto empregadas para calcular o valor presente dos custos e receitas envolvidos (ou seja, quanto valeriam se fossem todos realizados na data do estudo). A explicação é que, danificando menos a mata, sobretudo árvores mais jovens, e também preservando árvores adultas de menor qualidade para que continuem a reproduzir-se (as chamadas *sementeiras*), o manejo florestal garante uma reposição mais rápida da madeira com valor comercial. Numa palavra: sustentabilidade.

MAIS EMPREGO E MAIS RENDA

O problema é que sustentabilidade não dá camisa a ninguém, em particular no curto prazo. Além de exigir mais desembolso inicial, o manejo não pode competir com a exploração predatória em matéria de rentabilidade imediata. Segundo um outro estudo do Imazon, *Amazônia Sustentável: Limitantes e Oportuni-*

dades Para o Desenvolvimento Rural,[10] dessa vez em parceria com o departamento ambiental do escritório do Banco Mundial no Brasil, a fase inicial e dilapidadora do capital natural do ciclo econômico típico da Amazônia pode atingir 122% de rentabilidade, contra 71% da exploração manejada da madeira, pois não demanda todo o investimento prévio em inventário florestal, mapeamento etc. É entrar na mata e sair cortando. Esgotada a madeira de valor naquela gleba, o madeireiro compra os direitos para explorar outra, mais adiante. Quando as áreas começam a ficar longínquas demais, acima de 80 a cem quilômetros da empresa ou da serraria, deixam de ser economicamente viáveis. As serrarias desmontam as máquinas e partem para outra região, levando o pólo à estagnação e à decadência. É o chamado ciclo *boom-bust* (explosão e colapso) já vivenciado, por exemplo, em Paragominas, à beira da rodovia Belém–Brasília. No auge da atividade extrativa, a cidade chegou a contar com 240 madeireiras, não tendo hoje mais do que a metade.

No rastro da madeira cortada vem a agropecuária, com a conversão da mata danificada em pasto e, numa escala menor, lavouras como milho e arroz. A queimada torna disponível, nos primeiros anos, os nutrientes antes contidos na biomassa florestal, e os resultados iniciais são bons, ainda alimentados pela dissipação do capital natural. A produtividade dos pastos e colheitas começa então a diminuir, abrindo outro ciclo alongado de decadência. O resultado,

---

[10] Em parceria com o setor ambiental do escritório brasileiro do Banco Mundial, a Imazon produziu um estudo sobre a vocação florestal da região, baseado em dados climáticos, que pode ser obtido em: www.imazon.org.br/pdf/bm.zip

segundo o relatório Bird/Imazon, é que no oitavo ano de exploração, entre madeira e agropecuária, uma área de 1 milhão de hectares de floresta densa pode estar gerando uma renda bruta anual de até US$ 100 milhões; passados mais 15 anos, essa renda despenca para US$ 5 milhões. Algo semelhante ocorre com os empregos gerados: a madeira chega a empregar 4.500 pessoas, no auge da primeira década, mas deixa atrás de si, passada a segunda, ralos 500 postos de trabalho na pecuária.

Segundo as projeções da ONG e do Banco Mundial, o desempenho provável do manejo sustentável seguiria roteiro bem diverso. Para começar, nunca chegaria a gerar 4.500 empregos, alcançando um teto de 3.500 – que seriam mantidos indefinidamente, no entanto. A renda, igualmente, jamais rivalizaria com o auge da exploração predatória, nunca ultrapassando um pico de US$ 70-80 milhões, de acordo com a simulação, mas também poderia ser mantida nesse nível.

Há mais razões, porém, para dar preferência à exploração florestal com manejo, em detrimento da agropecuária. Segundo o relatório *Amazônia Sustentável*, as condições climáticas da região, sobretudo seu perfil pluviométrico, apontam na mesma direção. Embora possa ser considerada intuitiva e até óbvia a relação entre o excesso de chuvas e o baixo rendimento agrícola, a começar pela dificuldade de escoar a produção por estradas que são intransitáveis vários meses por ano, o estudo Bird/Imazon foi pioneiro em correlacioná-los estatisticamente. Isso foi feito dividindo a Amazônia em três grandes áreas: relativamente seca (menos de 1.800 milímetros de chuvas por ano), de transição (1.800-2.200 milímetros/ano) e úmida (mais de 2.200 milímetros/ano). Em segui-

Maior parte da Amazônia tem vocação florestal (extração de madeira)

Chuvas excluem agropecuária produtiva em 83% da região

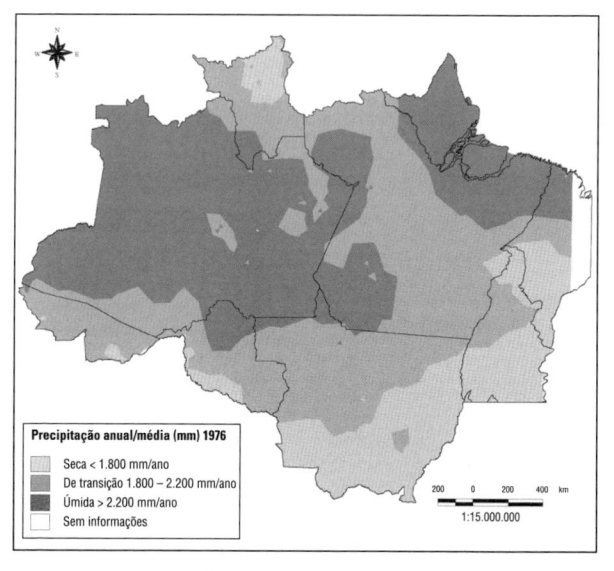

Precipitação anual/média (mm) 1976
- Seca < 1.800 mm/ano
- De transição 1.800 – 2.200 mm/ano
- Úmida > 2.200 mm/ano
- Sem informações

1:15.000.000

Fonte: Imazon (instituto do Homem e do Meio Ambiente da Amazônia, Belém – PA) e Bird (Banco Mundial/Brasil, 2000)

da, computaram-se para essas áreas os indicadores do Censo Agropecuário de 1995-6 do IBGE. Desse cruzamento emergiu uma imagem inequívoca: 83% dos 5 milhões de quilômetros da Amazônia Legal são imprestáveis para o gado ou para a lavoura; a vocação natural desse imenso território, equivalente a 46 Portugais, é florestal.

Diante disso, é fácil entender por que muitos ambientalistas, que antes se distanciariam de madeireiros como o demo da cruz, preocupam-se agora em cortejá-los com idéias modernizadoras, inventários, *skidders* e planilhas de custos. Mesmo trabalhando da forma mais irracional e desequilibrada, afinal, eles já respondem por 500 mil empregos diretos e indiretos na Amazônia e por 15% do PIB de estados como Pará, Mato Grosso e Rondônia. Tentar multiplicar isso por sete, no mínimo, e ainda dar uma chance de sobrevivência para a floresta explorada, parece a coisa certa e racional a fazer. Certificação e manejo sustentável, desse ponto de vista, são o melhor caminho. Só falta convencer Brasília, concluem os especialistas do Bird e do Imazon:

"Se as forças de mercado atuarem livremente na região, a exploração madeireira predatória associada à pecuária extensiva predominará. Nesse caso, a economia dos municípios da Amazônia tende a seguir o ciclo '*boom*-colapso' econômico.[...] O uso sustentável dos recursos naturais resultaria em maiores benefícios (emprego e renda) no longo prazo. Porém, no curto prazo, os benefícios financeiros e políticos da exploração predatória tendem a ser maiores. Portanto, é necessário que o governo assuma a responsabilidade de garantir o desenvolvimento sustentável".

3. DAS NUVENS EXÓTICAS ÀS FOLHAS SECAS
A BOMBA DO CLIMA

No começo de 1999, a Amazônia brasileira começou a ser vigiada por uma espécie de avião-espião norte-americano, o ER-2, primo não tão distante do U-2 que, em 1960, protagonizou uma das crises mais sérias da Guerra Fria, depois de ter caído em território da então URSS (União das Repúblicas Socialistas Soviéticas, cuja herdeira é hoje a Rússia). Como o U-2, o ER-2 é um monoposto, ou seja, leva apenas o piloto, peculiaridade que quase impediu sua decolagem do aeroporto de Brasília. A extrema suscetibilidade militar da capital federal nos assuntos da Amazônia, inversamente proporcional ao interesse que a região provoca nos gabinetes da área econômica e de planejamento, por pouco não pôs por terra o maior experimento científico em curso no país, junto com o famigerado ER-2, sua maior estrela.

Com um custo estimado em US$ 100 milhões, o Experimento de Grande Escala da Biosfera-Atmosfera na Amazônia (mais conhecido pelo apelido abreviado em inglês, LBA) equivale a uns sete projetos genoma como o da *Xylella fastidiosa*, a pesquisa brasileira mais noticiada dos últimos tempos.[11] A montanha de dinheiro do LBA, reunida por instituições do Brasil, dos Estados Unidos e da Europa (Reino Unido, Holanda, Alemanha, França e Itália), será empregada ao longo de seis anos para mobilizar aviões e satélites e construir bases de operações na Amazônia, inclusive 12 torres com até 60 metros de altura no meio da floresta, forradas de sensores e instrumentos. Missão: fazer uma espécie de *check-up* do metabolismo florestal, vale dizer, desvendar os detalhes da interação entre a mais extensa mata equatorial do planeta e o seu clima.

O ER-2 da Nasa (a agência aerospacial norte-americana) não é a única aeronave da operação LBA, que conta ainda com um jatinho Citation da Universidade de Dakota do Norte (EUA) e um Bandeirante do Instituto Nacional de Pesquisas Espaciais (Inpe), mas é certamente a mais problemática. Isso porque a Aeronáutica brasileira só permite a participação de aeronaves estrangeiras em pesquisas no Brasil se um militar nacional estiver a bordo, a fim de garantir a soberania sobre dados colhidos em território brasileiro (sobretudo na Amazônia, supostamente sob contínua cobiça internacional). Ora, tal providência é impossível no ER-2. O esguio aeroplano, projetado para colher imagens em alta altitude (até 17 quilômetros), foi despido de todo peso extra, como um co-piloto e equipamentos de pressurização – o que não dizer de um carona, ainda que em nome da soberania nacional? O tripulante único voa com traje pressurizado, como os astronautas. Não

---

[11] *Xylella fastidiosa*: a bactéria causadora da doença do amarelinho na laranja, que teve seu DNA seqüenciado (transcrito) por uma rede de laboratórios paulistas.

foi nada fácil conseguir autorização militar para o ER-2 decolar, mas ela acabou saindo, sob a condição de que em todas as decolagens se cumpra um ritual de segurança nacional, como a vistoria do avião e um lacre nas câmeras de vídeo.

A principal tarefa do ER-2 é espiar o cocuruto das nuvens amazônicas, um tanto excêntricas. Elas estiveram entre as vedetes do primeiro encontro internacional de avaliação dos resultados já obtidos pelo LBA, realizado no final de junho de 2000, em Belém do Pará, com a presença de 320 pesquisadores brasileiros e estrangeiros. Um dos resultados apresentados era surpreendente: muitas das nuvens que pairam sobre a Amazônia são mais semelhantes às que cobrem os oceanos do planeta do que às presentes sobre os continentes. As grandes formações de chuva pesada sobre os mares, *cumulus congestus*, têm seu topo a uma altitude entre sete e oito quilômetros. A parte mais alta de suas congêneres sobre o continente, *cumulus nimbus*, alcança até 15 quilômetros, ou mesmo 20, durante as grandes tempestades de primavera e de verão. Acima da floresta amazônica, há uma mistura desses dois tipos.

Segundo o climatologista Carlos Nobre, chefe do CPTEC (Centro de Previsão do Tempo e Estudos Climáticos) e um dos líderes do LBA, trata-se de uma descoberta importante, que vai permitir refinar os instrumentos de análise, uma vez que os modelos (programas simuladores) de computador estavam calibrados para levar em conta apenas a formação de nuvens de grande desenvolvimento vertical, quer dizer, do tipo *cumulus nimbus*. A partir de agora, eles vão ter de considerar também outra característica das nuvens oceânicas, que já estão valendo à Amazônia, entre especialistas do clima, o apelido de "oceano verde": gotículas de um tamanho maior. Sobre o mar, isso se explica pela raridade de partículas –

como grãos de poeira – que possam funcionar como núcleos de condensação, ou seja, servir de substratos para que o vapor de água se aglutine.

No caso da floresta amazônica, a explicação dos cientistas é que as várias pancadas diárias de chuva enxáguam a atmosfera da maioria das partículas. Sem a "competição" entre vários núcleos de condensação, as gotas que conseguem formar-se atraem mais e mais vapor e vão crescendo, continuamente. O panorama muda um pouco na estação mais seca, quando a diminuição das chuvas permite o levantamento de mais partículas (aerossóis, no jargão dos estudiosos da atmosfera) e a prática de queimadas (que também produzem aerossóis na forma de fuligem).

Na reunião de Belém, surgiu também a hipótese preocupante de que a ação do homem, sobretudo pelo desmatamento, acabe por alterar esse padrão incomum de nuvens oceânicas sobre a Amazônia. Com a prática disseminada das queimadas, a maior disponibilidade de aerossóis e, portanto, de núcleos de condensação aparentemente já está alterando o tamanho médio das gotas mesmo durante a estação chuvosa, como revelou um levantamento intrigante do físico japonês Teruyuki Nakajima, da Universidade de Tóquio. Suas medições e cálculos indicam que o diâmetro das gotículas de nuvens amazônicas diminuiu 20%, em média, ao longo dos últimos dez anos. Outra possibilidade, segundo o físico e especialista em aerossóis Paulo Artaxo, da Universidade de São Paulo, um dos organizadores da reunião do LBA, é que o próprio desmatamento tenha reduzido a quantidade de vapor de água disponível para engordar as gotas. Em qualquer dos casos, paira no ar a possibilidade preocupante de que essas modificações representem sintomas de um ressecamento progressivo da floresta amazônica.

UM EL NIÑO PARTICULAR

A maior base de operações do LBA, com 23 projetos em andamento, fica em Santarém, sob a coordenação do norte-americano Mike Keller, cliente assíduo, assim como seus colaboradores conterrâneos, brasileiros e europeus, dos barzinhos junto às águas esverdeadas do Tapajós, onde os bolinhos de piracuí são acompanhamento obrigatório da cerveja. Garçons e outros fregueses parecem acostumados com a presença de tantos estrangeiros na cidade, talvez porque muitos deles – como Keller – falem português com fluência, ainda que não sem sotaque. Ele supervisionou a montagem e operação da enorme infra-estrutura do LBA na base de Terra Rica da Flona (Floresta Nacional) do Tapajós, a 67 quilômetros da cidade. São torres e poços forrados de parafernália eletrônica; até construções de alvenaria foram erguidas na floresta, com a verba milionária do LBA, para abrigar os computadores.

O experimento mais impressionante em curso na Flona, porém, não faz parte da megaoperação LBA, embora tenha muitos pontos de contato com ela, sobretudo com o ressecamento da floresta. O próprio nome da pesquisa, de resto, já deixa claro do que se trata: Projeto Seca-Floresta. À sua frente está o Instituto de Pesquisa Ambiental da Amazônia (Ipam), que tem sede em Belém e uma filial com 40 pessoas em Santarém. A idéia aparentemente megalomaníaca partiu do também norte-americano Daniel Nepstad, outro apaixonado pela Amazônia e falante de um português aprendido com peões de Paragominas, na década de 1980: produzir um El Niño local e controlado, para medir de todas as maneiras possíveis seus efeitos sobre a floresta.

Cientistas do Instituto de Pesquisa Ambiental da Amazônia (Ipam) fazem medições na Floresta Nacional do Tapajós, perto de Santarém (PA), para o Projeto Seca-Floresta

Essa alteração do comportamento do oceano Pacífico junto à costa oeste da América do Sul, com uma concentração anormal de águas relativamente mais quentes na época do Natal (daí o nome, uma referência ao Menino Jesus), põe o clima em polvorosa por todo o planeta. Como no caso da Amazônia seu efeito mais evidente é uma diminuição das chuvas, os idealizadores do Seca-Floresta planejaram uma intervenção drástica: desviar até 80% da água de chuva que cai sobre a área demarcada do experimento, um hectare inteiro (10 mil metros quadrados, mais do que um campo oficial de futebol).

A primeira visão do *plot* do Seca-Floresta provoca um choque no visitante, comparável à sensação de desconcerto propiciada pelo envelopamento de formas familiares — como o prédio do Reichstag, em Berlim — pelo artista plástico búlgaro-americano Christo. Embora o próprio Christo já tenha vestido árvores com plástico, não foi essa a opção dos cientistas performáticos do Ipam, que cobriram apenas o chão da floresta. Para isso, fabricaram-se no próprio local cerca de 5 mil painéis retangulares de madeira recobertos por uma folha de plástico branco translúcido, arranjados depois sobre estruturas de madeira a não mais de 1,5 metro do solo e com ligeira inclinação, como tetos de imensas e inúteis cabanas. O pequeno declive faz a água da chuva escorrer para calhas de madeira, que a conduzem para fora da área do experimento — toda ela, aliás, delimitada por uma vala (ou trincheira) de 60 centímetros de largura, 1,2 metro de fundo e 400 metros de comprimento. Para todo lado há instrumentos dependurados nas árvores (para medir fluxo da seiva ou crescimento do tronco, por exemplo), poços, áreas delimitadas para coleta e pesagem de folhas ou insetos, torres de até 28 metros de altura interligadas por passarelas de observação no meio do dossel. Um pequeno passeio e o visitante começa a perguntar-se como o Ipam foi capaz de gastar apenas os US$ 700 mil do orçamento do Seca-Floresta para montar todo aquele aparato.

Como em toda profissão, cientistas precisam não só de planejamento, aplicação e criatividade, mas também de sorte. Ela não foi muito generosa com o Seca-Floresta, montado na temporada de um dos mais rápidos, imprevistos e intensos episódios La Niña já observados pelo homem, em 1999-2000. La Niña? Sim, a versão oposta do El Niño, marcada por um retorno das águas frias a oeste da América do Sul que, na Amazônia, desencadeia precipitação ainda mais copiosa do que o habitual. Com o excesso de chuvas, os pesquisadores do Ipam não conseguiram reproduzir inteiramente os efeitos de uma seca severa na Amazônia, como ocorreu com o El Niño de 1997-8. Mesmo num período de seca normal, entre junho e outubro, a chuva que cai pode ser insuficiente para manter a floresta, em especial aquela nas partes mais elevadas e distantes dos rios e igarapés (terra firme), mas as árvores contam com raízes profundas para retirar o líquido acumulado no solo, a dez metros e até 18 metros de profundidade, durante a estação chuvosa (o "inverno" amazônico, mais ou menos de novembro a maio).

Para reproduzir cabalmente a seca na escala El Niño, seria preciso desligar esse mecanismo para estocar água no solo e deixar a floresta exposta a um verdadeiro estresse hídrico, quando as árvores começam a perder folhas e a radiação solar, penetrando assim em maior quantidade, ajuda a ressecar a camada de folhas e detritos acumulados no chão, que os ecólogos tropicais chamam de "liteira" (um termo derivado de *litter layer*, "camada de detritos" em inglês, que nada tem a ver com as cadeirinhas de madame carregadas por escravos). Liteira mais seca quer dizer floresta mais inflamável, uma ocorrência menos comum na Amazônia do que se imagina (úmida como é, pôr fogo na floresta para fazer queimadas dá muito trabalho). O ponto crítico do teor de umidade, acreditam os cientistas, ficaria por volta de 15%; abaixo disso, qualquer coisa pode acender um fogo rasteiro pela mata, desde um raio até fagulhas trazidas pelo vento de queimadas em pastos circundantes. A área do Seca-Floresta não chegou a atingir esse ponto de ressecamento, impedindo medições mais minuciosas dos processos que conduzem ao ponto de inflamabilidade.

Entre as muitas perguntas que permanecem sem respostas empíricas definitivas e específicas, encontram-se as seguintes, de acordo com reportagem da *Folha de S.Paulo* de 24 de outubro de 1999:

• Quanto de seca a floresta agüenta antes do declínio de processos vitais, como fotossíntese e transpiração?

• Qual o nível de seca necessário para derrubar uma quantidade de folhas suficiente para tornar a vegetação vulnerável ao fogo (o normal são sete toneladas anuais de folhas por hectare)?

• Que tipo de vegetação tem sua mortalidade aumentada pela seca (acredita-se que morrerão mais plantas do sub-bosque, e não as árvores e os cipós)?

• O ressecamento diminui a população e a variedade da fauna de solo, como, por exemplo, organismos que decompõem a liteira?

• Como a seca altera a quantidade de carbono estocada na floresta (se as árvores crescem menos e produzem menos raízes, a mata pode tornar-se uma fonte líquida de dióxido de carbono para a atmosfera, contribuindo assim para agravar o efeito estufa, o aquecimento da atmosfera pela retenção de calor solar sob esse cobertor de gases)?

Na realidade, os pesquisadores já sabiam mais ou menos o que deveriam esperar. Seu objetivo era mais obter esses detalhes quantitativos de um processo de ressecamento que vinham estudando em escala macrorregional, uma investigação que teve grande impacto na literatura especializada. Foram dois artigos muito comentados, publicados em 1999 em revistas científicas de primeira linha, o primeiro deles na britânica *Nature* (que o destacou na capa), em 8 de abril, e o outro na concorrente norte-americana *Science*, em 11 de junho (entre os vários autores, três nomes se repetiam: Ane Alencar, Mark Cochrane e Daniel Nepstad, todos pesquisadores então ligados ao Ipam). O tema comum dos trabalhos era o dano provocado à floresta amazônica pela extração seletiva e predatória de madeira e por incêndios acidentais de sub-bosque (rasteiros), que não deixam cicatrizes tão evidentes quanto o corte raso para os olhos vigilantes dos satélites de sensoriamento remoto usados pelo Instituto Nacional de Pesquisas Espaciais (Inpe) para monitorar o desmatamento da Amazônia.

Pelos cálculos de Nepstad e companhia, até 15 mil quilômetros quadrados de floresta empobrecida – ou de "desmatamento críptico" (oculto), como dizia o título na capa da *Nature* – poderiam estar escapando, ano após ano, desse monitoramento por satélite, o qual indicou, na última década, uma média próxima de 20 mil quilômetros quadrados anuais de florestas arrasadas. O artigo na revista britânica chegou a receber críticas de pesquisadores brasileiros ligados ao programa para monitorar oficialmente o desmatamento, que se consideraram atacados, mas já na conclusão seus autores alertavam que a questão não era essa:

"A monitoração de desmatamento com base em satélites é uma ferramenta essencial nos estudos de efeitos humanos sobre florestas tropicais, porque documenta as formas mais extremas de uso do solo em áreas amplas e com custo baixo. Mas esse monitoramento precisa ser expandido para incluir florestas afetadas pela exploração madeireira e pelo fogo de superfície, se pretende refletir com acuidade toda a magnitude das influências humanas nas florestas tropicais. Queimadas de larga escala dessas florestas durante episódios severos de ENSO [El Niño] podem empobrecer áreas vastas desse ecossistema rico em espécies e em carbono; esses episódios estão aumentando em freqüência, possivelmente como resposta à acumulação de gases do efeito estufa na atmosfera".

O MEGAINCÊNDIO DE 1998

O impacto desses artigos configura o caso típico de pesquisa certa publicada no momento certo. Afinal, fazia só um ano que 11 mil quilômetros quadrados de mata amazônica – segundo levantamento do Inpe, mas outras fontes citam números de até 15 mil quilômetros quadrados – tinham ardido no maior incêndio florestal do país. O megaincêndio, como ficou conhecido, foi tanto mais surpreendente por ter ocorrido num estado – Roraima, a "serra verde" da língua ianomâmi – que fica fora do chamado Arco do Desmatamento, que abrange Rondônia, norte do Mato Grosso e sul do Pará. Roraima nunca aparece com destaque nos levantamentos de queimadas, porque a área afetada normalmente não tem termo de comparação com as áreas amazônicas mais ao sul. No mês de março, então, quando ocorreu o desastre ambiental, os setores de monitoramento e combate a queimadas foram apanhados desprevenidos, pois no restante da Amazônia brasileira a temporada de incêndios ocorre seis meses antes.

Localizado no hemisfério norte, o estado passava pelo auge de sua estação seca sob a influência do Mega-Niño de 1997-8. Como em todos os anos, porém, os fazendeiros das regiões de cerrados e campos se aproveitavam do ressecamento generalizado da vegetação para empregar a forma mais comum de manejo de pastagens na Amazônia e, para falar a verdade, em todo o Brasil: queimadas, a *coivara* dos índios, muito eficiente para aniquilar pragas e refertilizar a terra. Como controlar queimadas é arte das mais imprecisas, logo o fogo chegaria a florestas prontas para queimar e às manchetes do mundo todo, já escaldadas por megaincêndios do outro lado do planeta, nas florestas tropicais da Indonésia. No auge da calamidade em Roraima, nem mesmo um contingente de 1.670 bombeiros de dez estados brasileiros e de países como Argentina e Venezuela foi capaz de controlar inteiramente o fogo, que só se extinguiu com o reinício das chuvas, no começo de abril. Até lá, os cerca de 300 mil habitantes de Roraima viveram num inferno, como relata um pesquisador do Inpe, Volker Kirchhoff, no livro *O Megaincêndio do Século – 1998*:

"No dia 26 de março, a capital, Boa Vista, e a BR-174 amanheceram encobertas pela fumaça. A visibilidade era de apenas 30 metros e os carros circulavam com os faróis acesos. Nos aeroportos eram permitidos apenas os vôos por instrumentos. Os helicópteros da grande operação no estado não podiam voar. [...] Em Boa Vista, os hospitais estavam lotados de pacientes com problemas respiratórios. Em apenas três dias, mais de 500 pessoas foram atendidas, cinco vezes a média em períodos normais, sendo que 60% dos casos eram de doenças respiratórias provocadas pela inalação de fumaça".

Para muitos estudiosos da Amazônia, o incêndio de 1998 em Roraima deve ser tomado como um alerta de que a região pode estar entrando num círculo vicioso de ressecamento e inflamabilidade crescentes, realimentado por fenômenos El Niño mais freqüentes, pela atividade madeireira e pelos incêndios rasteiros. Segundo cálculos do Ipam, em dezembro de 1998 nada menos do que 32% da floresta amazônica passava por estresse hídrico e corria algum risco de incendiar-se – uma área acima de 1 milhão de quilômetros quadrados, mais de 11 Portugais.

AR-CONDICIONADO DESLIGADO

Se esse ciclo estiver de fato sendo posto em movimento, a geração presente poderá ter o privilégio duvidoso de assistir a um fenômeno climático de amplitude geológica: o desligamento progressivo do gigantesco aparelho de ar condicionado representado pela floresta amazônica. É o pesadelo dos "*feedbacks* positivos" de que falava o segundo artigo de Alencar, Cochrane e Nepstad, na *Science*: "Incêndios acidentais afetaram cerca de 50% da floresta remanescente e causaram mais desmatamento do que o corte intencional, em anos recentes. Incêndios na floresta criam *feedbacks* positivos, como futura suscetibilidade ao fogo, acúmulo de combustível e intensidade das chamas. A não ser que as práticas de uso do solo e de queimadas sejam alteradas, o fogo tem potencial para transformar grandes áreas de floresta tropical em capões e savanas".

Manchas cada vez maiores de vegetação de menor porte e mais seca acabariam por interromper, em algum ponto, a formidável bomba de reciclagem de água embutida na própria floresta, um mecanismo conhecido como evapotranspiração. Boa parte (48%) da água de chuva que cai sobre as árvores termina absorvida pelas próprias plantas, que a devolvem para a atmosfera por meio de evaporação e transpiração pelas folhas, contribuindo para a formação de novas nuvens, que por sua vez provocam outras chuvas mais adiante. O ciclo se repete predominantemente no sentido leste-oeste, de modo que a umidade obtida das massas de ar atlânticas acaba contribuindo para temporais muitas centenas de quilômetros a oeste, graças à correia de transmissão da própria massa continental de vegetação. Tanto mais preocupante, desse ângulo, é o fato de que o desmatamento e as áreas mais suscetíveis ao ressecamento concentram-se justamente na parte leste da Amazônia.

Ao promover esse sobe-e-desce de água, na forma de vapor e de chuvas, a floresta amazônica resfria e umedece o clima em que vivem os quase 20 milhões de habitantes da Amazônia Legal – daí a comparação freqüente com um aparelho monumental de ar condicionado, algo incompreensível para os não-amazônidas, que têm dificuldade para suportar o calor pegajoso da região. O processo contribui também para regular e manter o regime dos caudalosos rios amazônicos, pelos quais corre quase um quinto da água doce líquida do planeta, e portanto também para manter em funcionamento as hidrelétricas do presente e as hidrovias do futuro. A mata estoca ainda quantidade significativa de carbono em sua biomassa (madeira, raízes, folhas, microrganismos do solo), que de outro modo – por exemplo, queimada ou substituída por vegetação menos densa – terminaria sendo emitida de volta para a atmosfera, na forma de dióxido de carbono e outros gases do efeito estufa.

74   A Floresta Amazônica

Risco de fogo na Amazônia em dezembro de 1998
Água acumulada no solo (em milímetros)

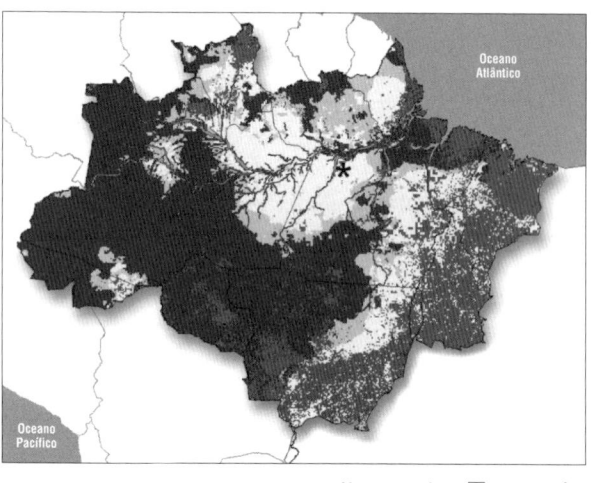

Menos de 0 (déficit) ☐ 980.804 km²
0 a 250 ▩ 567.929 km²
Mais de 250 ■ 2.216.127 km²
Áreas não-florestadas (cerrado etc.) ■

Fonte: Ipam (Instituto de Pesquisa Ambiental da Amazônia, Belém – PA) e WHRC (Woods Hole Research Center, EUA), 1999

Esses são apenas os exemplos mais evidentes dos vários serviços que a floresta presta aos seres humanos e à sua atividade produtiva, pelo simples fato de existir. Numa palavra, insumos que a economia consome sem remunerar ou incluir na sua estrutura de custos, tamanha foi até o presente sua abundância – antítese, por excelência, da noção de valor. Mas os estudos aqui relatados sobre o comportamento da floresta no mínimo indicam que tal abundância pode diminuir, ou até desaparecer. É por isso que tantos ecólogos e ambientalistas já estão falando na noção de *serviços ambientais* prestados pelos ecossistemas, numa tentativa de convencer o público da necessidade de passar a calculá-los e até remunerá-los, para gerar receitas que contribuam para preservar a floresta e, por conseqüência, os serviços que ela presta – enquanto ainda há tempo para fazê-lo.

CONCLUSÃO: DE RORAIMA A KYOTO

Megaincêndios como o de março de 1998 em Roraima, favorecidos por fenômenos climáticos como o El Niño turbinado de 1997-8, não são eventos únicos, absolutamente incomuns. Com o mais que provável agravamento do efeito estufa, ao longo do século 21, Mega-Niños poderão tornar-se mais e mais freqüentes. Somadas à exploração predatória da madeira, que empobrece e torna mais inflamável a floresta, essas condições delineiam um cenário de possível e até provável savanização da Amazônia, ou seja, do alargamento das ilhas e do cinturão de cerrado nos seus flancos sul e leste. Não terá sido a primeira vez que a floresta se encolhe sob a carência de chuvas, com enormes conseqüências para a população que dela depende – em última instância, os 6 bilhões de habitantes do planeta, se a atrofia amazônica desligar essa bomba de água e calor de proporções continentais.

Paradoxalmente, tudo indica que a humanidade dos últimos séculos se beneficiou desse processo de recessão florestal, com a emergência de ilhas de mata isoladas num mar de vegetação mais seca e rala. Segundo a chamada *teoria dos refúgios*, o isolamento geográfico de animais e plantas confinados a esses bastiões de florestas amazônicas durante milhares de anos teria permitido sua divergência evolutiva, dando origem à grande biodiversidade hoje existente na Amazônia. Por essa teoria, ainda muito debatida e questionada entre cientistas, populações de indivíduos da mesma espécie, impedidas de reproduzir-se e intercambiar seus genes, resultariam em novas espécies, pois, quando seus ambientes voltassem a fundir-se num mesmo grande bioma – a floresta tal como é hoje –, já teriam desenvolvido alguma incompatibilidade genética ou especialização ecológica que as impedisse de entrar em contato (como populações de formigas ou fungos que só proliferam em determinada espécie de árvore).

Existe, porém, outro padrão de efeitos da variação climática sobre a espécie humana, num horizonte de tempo muito mais acanhado e de impacto muito mais drástico. Nesse caso, episódios de estiagem mais acentuada no ambiente amazônico acarretariam catástrofes ecológicas – incêndios, esgotamento da água, desaparecimento da caça – capazes de desestruturar sociedades e culturas inteiras. A arqueóloga Betty Meggers, por exemplo, fiel ao credo de determinismo ambiental já descrito na Introdução, atribui a Mega-Niños ocorridos há aproximadamente 400, 700, mil e 1.500 anos a dispersão de populações indígenas que explicaria muito da atual variedade cultural e lingüística, ou mesmo a diversificação dos padrões de cerâmica encontrados nos sítios arqueológicos da região. Quem sabe até os cacicados, sociedades hierarquizadas com milhares de pessoas encontradas pelos primeiros cronistas espanhóis nas várzeas amazônicas, não teriam desaparecido sob a confluência imbatível da mãe de todas as secas com uma horda de europeus armados e pestilentos?

Também essa teoria de Meggers, assim como a dos refúgios ecológicos, é ainda polêmica entre especialistas, mas ambas são no mínimo plausíveis. Para os efeitos deste livro, a mensagem implícita nelas é uma só: a Amazônia pode ser tudo, menos uma floresta imortal, e seres humanos têm muito a temer da ruptura do equilíbrio ecológico que ela hoje encarna. Os serviços que a mata presta não se resumem à biodiversidade que alimenta o extrativismo (capítulo 1), ao maior estoque de madeira tropical do mundo (capítulo 2) ou ao balanço hidrológico-climático (capítulo 3), mas abrangem, ainda:

• Solos – a floresta impede a erosão e favorece a regeneração de nutrientes.

• Saúde – onde a vegetação é derrubada, proliferam doenças como a malária.

• Seqüestro de carbono – a mata amazônica estoca tanto carbono em sua biomassa quanto o mundo inteiro emite em dez anos de queima de combustíveis fósseis.

• Fogo – florestas pouco alteradas, muito úmidas, são a melhor barreira contra incêndios.

Segundo cálculo do ecólogo Daniel Nepstad, só o incêndio de Roraima poderá ter causado um prejuízo social de mais de US$ 1 bilhão, se nele for computado um valor para o carbono emitido para a atmosfera com a queima de tanta biomassa (ao preço de US$ 75 por tonelada, uma das muitas e polêmicas estimativas do custo para resseqüestrar ou economizar emissões de gás carbônico). Estudos preliminares indicam ainda que o custo social das queimadas da Amazônia – na forma de doenças respiratórias, horas de trabalho perdidas com o fechamento de aeroportos, destruição de benfeitorias, madeiras nobres queimadas etc. – pode alcançar 5% do PIB regional. Nunca é demais lembrar que esse prejuízo é distribuído por toda a população, provavelmente com o peso maior recaindo sobre os mais pobres, enquanto os poucos rendimentos da dilapidação do capital natural amazônico revertem principalmente para uma minoria de proprietários.

As melhores cabeças que se dedicam ao estudo da Amazônia, com base em pesquisas empíricas sobre o ecossistema e o modo de vida real e não em doutrinas sobre a necessidade de povoá-la para prevenir a investida de inimigos, já se convenceram de que não será com megaprojetos do timbre do Avança Brasil que a região alcançará um desenvolvimento digno do nome. Aos poucos, vai-se formando um corpo de propostas alternativas e coerentes para a Amazônia, que têm como denominadores comuns a preservação da cobertura florestal, sua exploração em moldes racionais e sustentáveis e o aumento de renda da população. Em poucas palavras, *humanizar*, e não só *ocupar*, a Amazônia. Eis algumas das idéias e tendências em discussão:

• Ecoturismo – uma das regiões mais promissoras para o ecoturismo é a própria foz do Amazonas, no triângulo entre Belém, ilha de Marajó e Macapá. Não faltam atrações: pororoca, praias de rio e de oceano, culinária, pesca, cachoeiras. O potencial da Amazônia como um todo é enorme, mas a renda gerada com essa atividade ainda é acanhada, perto de US$ 50 milhões ao ano. Para efeito de comparação, só a pesca esportiva nos Estados Unidos movimenta um mercado de US$

63 bilhões anuais. Os próprios norte-americanos já começam a se converter para a pesca do combativo tucunaré, que chamam de *peacock bass*. Pagam até US$ 3 mil, fora o custo do bilhete aéreo, para engajar-se em safáris fluviais nos rios Madeira ou Negro, a bordo de barcos como o *Amazon Queen* e o *Amazon Clipper*. "O Brasil é a nova fronteira da pesca, como o Alasca há 30 anos", disse à revista *Time* (30/9/1996) Larry Larsen, autor de dois livros sobre o tucunaré.

• Extrativismo e sistemas agroflorestais – experiências como as do Projeto Reca (RO) e da Reserva Extrativista de Iratapuru (AP) devem ser ampliadas e receber apoio técnico e financeiro, norteadas pelo aumento *in loco* do valor agregado de produtos florestais. Já existe uma enorme literatura sobre sistemas agroflorestais, mostrando como o consorciamento de espécies arbóreas amazônicas pode aliar aumento de renda de populações locais com manutenção de uma cobertura de vegetação que protege o solo e evita a erosão, o que não ocorre nos casos de culturas tradicionais como milho e arroz.[12] O beneficiamento de castanha e de borracha pelos próprios extrativistas também já conta com tecnologias relativamente simples disponíveis, restando fazer mais um trabalho de divulgação e extensão rural.

• Intensificação da agricultura em áreas degradadas – muitos ambientalistas e ecólogos defendem que, em lugar de concentrar investimentos na abertura de corredores de exportação de soja pela mata virgem, o plano Avança Brasil deveria empregar ao menos parte dessa verba para recuperar e reforçar a infra-estrutura em regiões já degradadas e em decadência econômica,

---

[12] Ver, entre outros, Patricia Shanley, Margaret Cymerys e Jurandir Galvão, *Frutíferas da Mata na Vida Amazônica*. Belém, 1998.

com o esgotamento do ciclo predatório da extração de madeira, da pecuária e da mineração. É o caso do entorno de rodovias mais antigas, como a Transamazônica, a Belém–Brasília, a PA-150 e a BR-364, em que há grande necessidade de melhorias na rede local de estradas, para escoamento da produção tradicional de grãos, além de suporte técnico, educação e saúde, a fim de fixar uma população que, sem alternativas de sustento, pode terminar migrando e convertendo novas áreas de floresta intocada, repetindo o padrão que vem acelerando a marcha do desmatamento.

• Acordos locais e municipais para controle de queimadas – o fogo permanecerá por muito tempo como a forma disponível de manejo do solo para camponeses amazônicos descapitalizados. Alguns projetos vêm obtendo sucesso ao fomentar a difusão de técnicas para evitar que o fogo de uma queimada intencional salte para um pasto ou mata vizinhos (como a abertura de aceiros e o uso correto do contrafogo). Em alguns casos, como num projeto do Ipam na Colônia Del Rey, perto de Paragominas, essas técnicas conhecidas, mas nem sempre obedecidas, terminam consagradas num regulamento comunitário, que prevê uma Comissão de Fogo com poderes para aplicar multas em quem descumprir as regras. (São multas em gêneros, como a doação de 2 mil mourões para um vizinho que perdeu a cerca numa queimada descontrolada.) Depois de duas secas causadas por fenômenos El Niño, em que mais da metade das 104 propriedades da colônia experimentaram incêndios acidentais, a discussão e a adoção do regulamento foram rápidas. Mas há também experiências comunitárias mais amplas, como os acordos por município que a ONG Amigos da Terra vem promovendo no Mato Grosso e no Pará, no quadro do projeto Fogo: Emergência Crônica, com financiamento do governo italiano e parceria com mais de 40 instituições locais – entre prefeituras, governos estaduais, Exército, Embrapa, ONGs, sindicatos de produtores e pequenos agricultores. Enquanto os índices nacionais de julho de 2000 apontavam para uma redução de 42% nos focos de calor detectados por satélite em relação a 1999, nos 11 municípios do projeto a redução atingia uma média de 91%. O município de Carlinda (MT) foi recordista na redução, não registrando nem um foco de calor sequer.

• Ampliação das unidades de conservação – não será por falta de sugestões especializadas sobre quais áreas são prioritárias por especialistas que o governo brasileiro deixará de proteger a biodiversidade amazônica. Há nada menos do que 378 delas, identificadas e mapeadas durante um célebre seminário realizado em Macapá em setembro de 1999 (já citado no capítulo 1). Dessas, 64 foram indicadas como de alta prioridade, a principal na divisa do Pará com Mato Grosso, cortando três eixos de "desenvolvimento" eleitos por Brasília no programa Avança Brasil. A Presidência da República já se comprometeu, em acordo com a ONG Fundo Mundial Para a Natureza (WWF) e o Banco Mundial (Bird), a proteger, na forma de reservas, parques e florestas nacionais, 10% do território amazônico. Em 2007, segundo o *Almanaque Brasil Socioambiental*, 33% da Amazônia estão protegidos de uma maneira ou de outra (21% em terras indígenas e 12% em unidades de conservação federais e estaduais). Muitas ONGs questionam, porém, se muitas dessas unidades não passam de "parques de papel", sem solução efetiva.

• Florestas de exploração – o Programa Nacional de Florestas, anunciado pelo governo federal em setembro de 2000, fixou como meta a criação de 500

As prioridades para conservação da biodiversidade na Amazônia

Seminário indicou 378 áreas, das quais 64 são de extrema importância

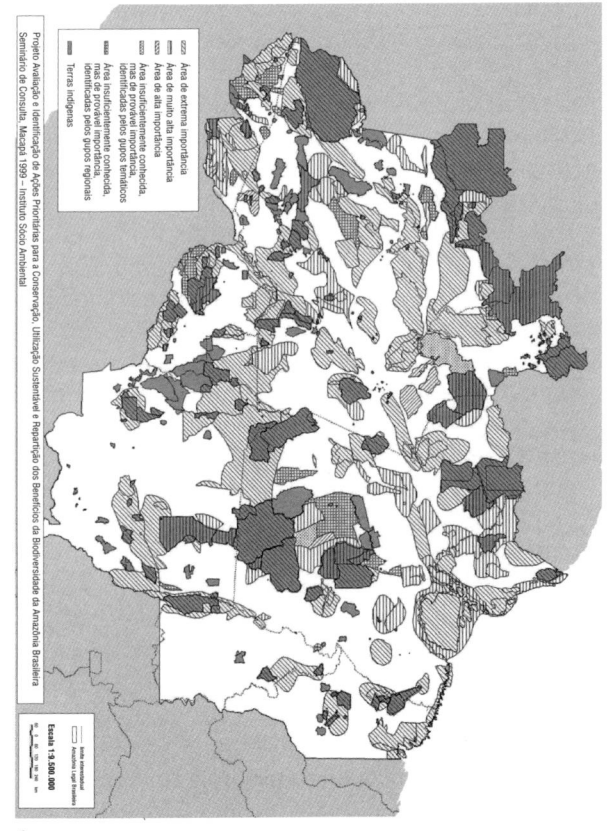

Áreas Prioritárias para Conservação da Biodiversidade e Terras Indígenas na Amazônia Legal

Fonte: Seminário de Consulta sobre Biodiversidade na Amazônia/Instituto Socioambiental (ISA), 1999

mil quilômetros quadrados de florestas de exploração, nacionais (as chamadas Flonas) ou estaduais. Hoje existem apenas 83 mil quilômetros quadrados. O relatório do Imazon e do Bird que indicou a clara vocação florestal de 83% da região (*Amazônia Sustentável: Limitantes e Oportunidades Para o Desenvolvimento Rural*, apresentado no capítulo 2) propôs também a criação de 700 mil quilômetros quadrados (14% da Amazônia Legal) dessas florestas protegidas e controladas, para que a madeira fosse extraída delas segundo as práticas do manejo sustentável (uma superfície suficiente para atender de modo sustentável toda a demanda do setor madeireiro da Amazônia, segundo o estudo). A extração fora das Flonas seria então proibida ou severamente taxada, para disciplinar um setor hoje corrompido pelos incentivos perversos. "As forças econômicas locais e regionais dificultam a ação política capaz de ordenar o desenvolvimento da fronteira, pois seus interesses estão voltados para um desenvolvimento rápido (em geral, insustentável). No entanto, os interesses nos benefícios de um crescimento sustentável, porém mais lento, são freqüentemente nacionais e globais", afirma o relatório.

• Mecanismo de Desenvolvimento Limpo do Protocolo de Kyoto – obter recursos internacionais para manter carbono estocado na floresta amazônica é provavelmente a idéia mais polêmica, dentro e fora do Brasil. O chamado MDL – ou CDM, na abreviação em inglês – foi idealizado nos quadros do Protocolo de Kyoto (tratado de 1997 que fixa metas para países ricos diminuírem emissões de gases-estufa) como uma maneira de baratear o esforço de redução. Por ele, empresas ou governos de nações desenvolvidas poderiam custear projetos de desenvolvimento "limpo" em países pobres, como a geração de energia com emissão menor de carbono, e ficar com os créditos pela economia. Muita gente envolvida com pesquisa e preservação da Amazônia acha que iniciativas de desenvolvimento sustentável na região deveriam ser incluídas no MDL, pois estariam contribuindo para evitar desmatamento e, por conseqüência, liberação de carbono na atmosfera (conversão de florestas e queimadas representam a maior fonte individual de emissões brasileiras, superando até a queima de combustíveis fósseis). A proposta foi defendida num manifesto lançado durante o seminário Critérios Para Inclusão de Florestas no Mecanismo de Desenvolvimento Limpo – MDL, realizado em outubro de 2000 em Belém pela ONG Ipam, com apoio do Ministério do Meio Ambiente. Mas o governo brasileiro é oficialmente contra, por razões estratégicas e metodológicas, assim como muitas ONGs, para as quais um país não deve ser remunerado por fazer aquilo que é sua obrigação (preservar florestas).

A noção de que a floresta amazônica tem um valor e de que sua preservação deve ser remunerada não é nova. Ironicamente, uma de suas formulações mais antigas na esfera pública brasileira partiu de um conhecido representante do pensamento conservador (o economista e ex-ministro Delfim Netto); mais ironicamente ainda, ela veio à luz no contexto de um dos maiores e mais persistentes equívocos sobre a Amazônia (o do "pulmão verde").

Foi em 1971. Uma entrevista do limnologista (estudioso de rios) alemão Harald Sioli à agência de notícias UPI foi mal-interpretada, dando origem ao mito.[13] Sioli, que entre outras contribuições para a ecologia ama-

---

[13] O relato é de Hilgard O'Reilly Sternberg, da Universidade da Califórnia em Berkeley, e consta de manuscrito de palestra realizada em agosto de 1982 que me foi entregue pessoalmente por Harald Sioli.

zônica estudou e classificou a água dos rios da região, afirmou nas suas respostas por escrito que uma eventual devastação da floresta aumentaria o volume de dióxido de carbono na atmosfera do planeta em até 25%. Acabou por propagar-se a versão de que ele teria previsto uma *diminuição* da quantidade de *oxigênio* atmosférico, principiando numa queda de 25% e, à medida que o boato se espalhava, subindo para 30% e até 50%.

A repercussão foi enorme, pois se tocava, talvez pela primeira vez, em efeitos globais capazes de afetar toda a espécie. Apenas um ano antes de ter defendido na primeira Conferência das Nações Unidas Sobre o Ambiente – a segunda viria em 1992, no Rio – a visão de que poluição era desenvolvimento, o governo brasileiro reagiu. Seu então ministro da Fazenda, Delfim Netto, afirmou – segundo noticiou na época o jornalista Joelmir Beting – que quem quisesse oxigênio teria de pagar por ele: "O Brasil poderá cobrar *royalties* substanciais pela economia externa que vem proporcionando, de graça, ao resto do mundo. É bom lembrar que o Brasil não cobrou até agora nenhum centavo pelo oxigênio que entrega ao mundo, nem recebeu qualquer tostão de ajuda externa para manter a gigantesca usina de oxigênio em funcionamento".[14]

Em que pese o erro conceitual do "pulmão verde", o raciocínio de Delfim Netto soa irretocavelmente moderno e atual, em seu economicismo. Mas certamente nada tinha de moderna a prática econômica do regime a que servia, impermeável às considerações de ordem social e ambiental, como bem descreveu o historiador norte-americano Warren Dean em *A Ferro e Fogo – a História e a Devastação da Mata Atlântica Brasileira*, de 1995:

---

[14] J. Beting, "O Pulmão Verde". *Folha de S.Paulo*, 17 de dezembro de 1971.

"Na realidade, a estratégia deliberadamente seguida colocava o crescimento econômico no lugar da redistribuição da riqueza. A maior parte dos ganhos do crescimento era outorgada àqueles no topo ou próximo ao topo da escala social, intensificando a concentração de renda. [...] A ânsia por terras e a contínua exploração destrutiva da floresta enquanto recurso não-renovável provocou inevitavelmente um declínio acelerado das faixas remanescentes relativamente intactas da mata atlântica. Em um grau significativo, a floresta era barganhada pelo desenvolvimento econômico – troca que poderia ser exibida como uma tacada brilhante apenas se se atribuísse à floresta um valor econômico insignificante, ignorando-se todos os outros valores".

Ainda hoje, como nos tempos do "milagre" econômico, parece ser essa a visão predominante nos gabinetes de Brasília e de São Paulo sobre a floresta: simples mato, coisa sem valor, obstáculo ao desenvolvimento. Essa mentalidade, inaugurada pelo português em busca do pau-brasil, já custou ao país 93% de sua segunda floresta tropical em área, a mata atlântica. A melhor produção científica e ensaística, hoje, ensina que repetir esse padrão com os 83% sobreviventes de sua mata maior, mais que reincidir num crime contra a natureza e a civilização, seria – pura e simplesmente – uma forma de irracionalidade econômica, que não cabe em conceito algum de modernidade.

BIBLIOGRAFIA E SITES

BIBLIOGRAFIA

Aziz Nacib Ab'Sáber, *Amazônia – do Discurso à Práxis*. São Paulo: Editora da Universidade de São Paulo, 1996.

Paulo Amaral, Adalberto Veríssimo, Paulo Barreto e Edson Vidal, *Floresta Para Sempre – um Manual Para a Produção de Madeira na Amazônia*. Belém: Imazon, 1998.

Ricardo A. Arnt e Stephan Schwartzman, *Um Artifício Orgânico – Transição na Amazônia e Ambientalismo*. Rio de Janeiro: Rocco, 1992.

Paulo Barreto, Paulo Amaral, Edson Vidal e Christopher Uhl, *Custos e Benefícios do Manejo Florestal Para a Produção de Madeira na Amazônia Oriental*. Belém: Imazon, 1998. Série Amazônia, nº 10.

Georgia Carvalho, Ana Cristina Barros, Paulo Moutinho e Daniel Nepstad, "Amazon Development at the Crossroads". Em: *Nature*, vol. 409; 11 de janeiro de 2001; p. 131.

Mark A. Cochrane, Ane Alencar, Mark D. Schulze, Carlos M. Souza, Daniel C. Nepstad, Paul Lefebvre e Eric A. Davidson, "Positive Feedbacks in the Fire Dynamics of Closed Canopy Tropical Forests". Em: *Science,* vol. 284; 11 de junho de 1999; p. 1832.

Warren Dean, *A Ferro e Fogo – a História e a Devastação da Mata Atlântica Brasileira.* São Paulo: Companhia das Letras, 1996.

Volker W.J.H. Kirchhoff e Paulo A.S. Escada, *O Megaincêndio do Século – 1998.* São José dos Campos, SP: Transtec Editorial, 1998.

William F. Laurance, Mark A. Cochrane, Scott Bergen, Philip M. Fearnside, Patricia Delamônica, Christopher Barber, Sammya D'Angelo e Tito Fernandes, "The Future of the Brazilian Amazon". Em: *Science,* vol. 291; 19 de janeiro de 2001; p. 438.

Mark A. Maslin e Stephen J. Burns, "Reconstruction of the Amazon Basin Effective Moisture Availability Over the Past 14,000 Years". Em: *Science,* vol. 290; 22 de dezembro de 2000; p. 2285.

Russell A. Mittermeier, Patricio Robles Gil e Cristina Goettsch Mittermeier, *Megadiversity – Earth's Biologically Wealthiest Nations.* Cidade do México: Cemex, 1997.

Nietta Lindenberg Monte, "Práticas e Direitos – as Línguas Indígenas no Brasil". Em: Francisco Queixalós e O. Renault-Lescure. *As Línguas Amazônicas Hoje.* São Paulo: Instituto Socioambiental, 2000.

Norman Myers, *The Primary Source – Tropical Forests and Our Future (Updated for the 1990s).* Nova York: W.W. Norton, 1992.

Daniel C. Nepstad, Adriana G. Moreira e Ane A. Alencar, *A Floresta em Chamas: Origens, Impactos e Prevenção de Fogo na Amazônia*. Brasília: Programa Piloto Para a Proteção das Florestas Tropicais do Brasil, 1999.

Daniel C. Nepstad, Adalberto Veríssimo, Ane Alencar, Carlos Nobre, Erivelthon Lima, Paul Lefebvre, Peter Schlesinger, Christopher Potter, Paulo Moutinho, Elsa Mendoza, Mark Cochrane e Vanessa Brooks, "Large-scale Impoverishment of Amazonian Forests by Logging and Fire". Em: *Nature*, vol. 398; 8 de abril de 1999; p. 505.

Daniel Nepstad, João Paulo Capobianco, Ana Cristina Barros, Georgia Carvalho, Paulo Moutinho, Urbano Lopes e Paul Lefebvre, *Avança Brasil: os Custos Ambientais Para a Amazônia (Relatório do Projeto "Cenários Futuros Para a Amazônia")*. Belém: Ipam, 2000.

Carlos Alberto Ricardo e Pedro Martinelli, *Arte Baniwa – Cestaria de Arumã*. São Gabriel da Cachoeira, AM/ São Paulo, SP: Foirn/Instituto Socioambiental, 2000.

Anna C. Roosevelt, "Determinismo Ecológico na Interpretação do Desenvolvimento Social Indígena da Amazônia". Em: Walter A. Neves (org.). *Origens, Adaptações e Diversidade Diológica do Homem Nativo da Amazônia*. Belém: Museu Paraense Emílio Goeldi/CNPq, 1991.

Robert R. Schneider, Eugênio Arima, Adalberto Veríssimo, Paulo Barreto e Carlos Souza Júnior, *Amazônia Sustentável: Limitantes e Oportunidades Para o Desenvolvimento Rural*. Brasília/Banco Mundial/ Belém/Imazon 2000.

Patricia Shanley, Margaret Cymerys e Jurandir Galvão, *Frutíferas da Mata na Vida Amazônica*. Belém, 1998.

Roberto Smeraldi e Adalberto Veríssimo, *Acertando o Alvo – Consumo de Madeira no Mercado Interno Brasileiro e Promoção da Certificação Florestal*. São Paulo/Piracicaba/Belém: Amigos da Terra/Imaflora/Imazon, 1999.

SITES

Amigos da Terra – Programa Amazônia
www.amazonia.org.br/
   Representação brasileira da ONG internacional Friends of the Earth, envolvida em inúmeros projetos nas áreas de queimadas e de madeira, como a coordenação do grupo brasileiro de Compradores de Madeira Certificada, que pode ser contatado em www.amazonia.org.br/compradores/

Centro de Previsão de Tempo e Estudos Climáticos (CPTEC)
www.cptec.inpe.br/
   Uma das principais instituições de pesquisa sobre o clima da Amazônia e as influências da atividade humana nele, como no caso da página constantemente atualizada sobre Queimadas no Brasil: www.cptec.inpe.br/products/queimadas/queimap.html

Compradores de Madeira Certificada
www.amazonia.org.br/compradores/
   Grupo que reunia, no começo de 2001, 56 empresas e órgãos públicos em torno do compromisso de adquirir preferencialmente madeira tropical extraída segundo as regras do manejo sustentável.

Conselho de Manejo Florestal (FSC)
www.fsc.org.br/
   Representação no Brasil da maior e mais reconhecida rede de entidades certificadoras de madeira tropical explorada de modo racional.

Conservation International do Brasil
www.conservation.org.br/
   Filial brasileira da ONG com trabalhos expressivos em pesquisa sobre biodiversidade, como os livros *Hotspots* e *Megadiversity*; as informações deste último sobre o Brasil estão em
www.conservation.org/web/fieldact/megadiv/brazil.htm

Experimento de Grande Escala da Biosfera-Atmosfera na Amazônia (LBA)
www.lba.cptec.inpe.br/lba/
   Projeto de pesquisa multinacional de mais de US$ 100 milhões para investigar relações entre floresta e clima.

Fundo Mundial Para a Natureza (WWF-Brasil)
www.wwf.org.br
   Representação brasileira de uma das mais conhecidas ONGs conservacionistas do mundo, muito atuante na Amazônia, como se pode verificar em
www.wwf.org.br/wwfec02.htm

Instituto Brasileiro do Meio Ambiente e dos Recursos Naturais Renováveis (Ibama)
www.ibama.gov.br/
   Órgão do Ministério do Meio Ambiente, responsável pela monitoração do desmatamento na Amazônia, sobretudo no chamado Arco do Desmatamento, objeto do programa especial Proarco:
www.ibama.gov.br/proarco/relatorio/index0.htm

Instituto de Manejo e Certificação Florestal e Agrícola (Imaflora)
www.imaflora.org/
ONG de pesquisa atuante na Amazônia com sede em São Paulo, credenciada pelo FSC para fazer certificação de madeiras tropicais; dá apoio para o projeto da Oficina Escola de Lutheria da Amazônia, que ensina a crianças e jovens carentes a arte de confeccionar instrumentos musicais e pode ser conhecida pela página
www.imaflora.org/lutheria.htm

Instituto de Pesquisa Ambiental da Amazônia (Ipam)
www.ipam.org.br/
Uma das mais ativas ONGs de pesquisa da Amazônia, com sede em Belém. Liderou estudo crítico sobre impactos do projeto Avança Brasil, disponível em
www.ipam.org.br/avanca/ab.htm

Instituto do Homem e do Meio Ambiente da Amazônia (Imazon)
www.imazon.org.br/
Outra ONG de pesquisa amazônica, muito atuante na investigação do setor madeireiro. Produziu, em parceria com o setor ambiental do escritório brasileiro do Banco Mundial, estudo sobre a vocação florestal da região, baseado em dados climáticos, que pode ser obtido em
www.imazon.org.br/pdf/bm.zip

Instituto Nacional de Pesquisas da Amazônia (Inpa)
www.inpa.gov.br
Maior e mais tradicional instituição federal de pesquisa na região; mantém uma extensa página de informações úteis e curiosas sobre a Amazônia, em www.inpa.gov.br/frameamazonia.html

Instituto Nacional de Pesquisas Espaciais (Inpe)
www.inpe.br/
Órgão do Ministério da Ciência e Tecnologia encarregado de compilar os dados oficiais de desmatamento na Amazônia, que podem ser conferidos em www.inpe.br/informacoes_eventos/amazonia.htm

Instituto Socioambiental
www.socioambiental.org/website/
Como o nome já indica, uma ONG de pesquisadores sensíveis aos aspectos sociais das questões ambientais; tem forte investimento em sistemas de georreferenciamento. Coordenou o Seminário de Consulta sobre Biodiversidade na Amazônia, em 1999, cujos resultados podem ser consultados em www.socioambiental.org/website/bio/index.htm

Organização Internacional de Madeira Tropical (ITTO, International Tropical Timber Organization)
www.itto.or.jp/index.html
Organismo internacional que congrega produtores e consumidores e reúne estatísticas oficiais sobre o setor.

Programa Piloto Para Proteção das Florestas Tropicais do Brasil (PPG-7)
www.mct.gov.br/prog/ppg7/
Fundo para financiar projetos de estudo e preservação, criado pelas sete nações mais ricas do mundo (G-7).

Woods Hole Research Center (WHRC)
www.whrc.org/
ONG norte-americana de pesquisa ambiental, muito próxima do Ipam, de Belém.

SOBRE O AUTOR

Marcelo Leite é colunista da *Folha de S.Paulo* e autor de 11 livros sobre temas ambientais e ciências naturais. Pela Publifolha, já publicou nesta mesma série *Os Alimentos Transgênicos* e *O DNA*. Sua tese de doutorado sobre o Projeto Genoma Humano foi editada em 2007 pela Editora Unesp sob o título *Promessas do Genoma*.

Obteve em 1989 bolsa da Fundação Krupp para estágios profissionais em jornalismo científico, na Alemanha, onde atuou depois como correspondente da *Folha*, durante o processo de reunificação do país. Em 1997 e 1998, realizou um programa de estudos sobre biologia e temas ambientais na Universidade Harvard (EUA), como *Nieman Fellow*.

FOLHA
EXPLICA

Folha Explica é uma série de livros breves, abrangendo todas as áreas do conhecimento e cada um resumindo, em linguagem acessível, o que de mais importante se sabe hoje sobre determinado assunto.

Como o nome indica, a série ambiciona *explicar* os assuntos tratados. E fazê-lo num contexto brasileiro: cada livro oferece ao leitor condições não só para que fique bem informado, mas para que possa refletir sobre o tema, de uma perspectiva atual e consciente das circunstâncias do país.

Voltada para o leitor geral, a série serve também a quem domina os assuntos, mas tem aqui uma chance de se atualizar. Cada volume é escrito por um autor reconhecido na área, que fala com seu próprio estilo. Essa enciclopédia de temas é, assim, uma enciclopédia de vozes também: as vozes que pensam, hoje, temas de todo o mundo e de todos os tempos, neste momento do Brasil.

#	Título	Autor
1	MACACOS	Drauzio Varella
2	OS ALIMENTOS TRANSGÊNICOS	Marcelo Leite
3	CARLOS DRUMMOND DE ANDRADE	Francisco Achcar
4	A ADOLESCÊNCIA	Contardo Calligaris
5	NIETZSCHE	Oswaldo Giacoia Junior
6	O NARCOTRÁFICO	Mário Magalhães
7	O MALUFISMO	Mauricio Puls
8	A DOR	João Augusto Figueiró
9	CASA-GRANDE & SENZALA	Roberto Ventura
10	GUIMARÃES ROSA	Walnice Nogueira Galvão
11	AS PROFISSÕES DO FUTURO	Gilson Schwartz
12	A MACONHA	Fernando Gabeira
13	O PROJETO GENOMA HUMANO	Mônica Teixeira
14	A INTERNET	Maria Ercilia
15	2001: UMA ODISSÉIA NO ESPAÇO	Amir Labaki
16	A CERVEJA	Josimar Melo
17	SÃO PAULO	Raquel Rolnik
18	A AIDS	Marcelo Soares
19	O DÓLAR	João Sayad
20	A FLORESTA AMAZÔNICA	Marcelo Leite
21	O TRABALHO INFANTIL	Ari Cipola
22	O PT	André Singer
23	O PFL	Eliane Cantanhêde
24	A ESPECULAÇÃO FINANCEIRA	Gustavo Patu
25	JOÃO CABRAL DE MELO NETO	João Alexandre Barbosa
26	JOÃO GILBERTO	Zuza Homem de Mello
27	A MAGIA	Antônio Flávio Pierucci
28	O CÂNCER	Riad Naim Younes
29	A DEMOCRACIA	Renato Janine Ribeiro
30	A REPÚBLICA	Renato Janine Ribeiro

#	Título	Autor
31	RACISMO NO BRASIL	Lilia Moritz Schwarcz
32	MONTAIGNE	Marcelo Coelho
33	CARLOS GOMES	Lorenzo Mammì
34	FREUD	Luiz Tenório Oliveira Lima
35	MANUEL BANDEIRA	Murilo Marcondes de Moura
36	MACUNAÍMA	Noemi Jaffe
37	O CIGARRO	Mario Cesar Carvalho
38	O ISLÃ	Paulo Daniel Farah
39	A MODA	Erika Palomino
40	ARTE BRASILEIRA HOJE	Agnaldo Farias
41	A LINGUAGEM MÉDICA	Moacyr Scliar
42	A PRISÃO	Luís Francisco Carvalho Filho
43	A HISTÓRIA DO BRASIL NO SÉCULO 20 (1900-1920)	Oscar Pilagallo
44	O MARKETING ELEITORAL	Carlos Eduardo Lins da Silva
45	O EURO	Silvia Bittencourt
46	A CULTURA DIGITAL	Rogério da Costa
47	CLARICE LISPECTOR	Yudith Rosenbaum
48	A MENOPAUSA	Silvia Campolim
49	A HISTÓRIA DO BRASIL NO SÉCULO 20 (1920-1940)	Oscar Pilagallo
50	MÚSICA POPULAR BRASILEIRA HOJE	Arthur Nestrovski (org.)
51	OS SERTÕES	Roberto Ventura
52	JOSÉ CELSO MARTINEZ CORRÊA	Aimar Labaki
53	MACHADO DE ASSIS	Alfredo Bosi
54	O DNA	Marcelo Leite
55	A HISTÓRIA DO BRASIL NO SÉCULO 20 (1940-1960)	Oscar Pilagallo
56	A ALCA	Rubens Ricupero

57	VIOLÊNCIA URBANA	Paulo Sérgio Pinheiro e Guilherme Assis de Almeida
58	ADORNO	Márcio Seligmann-Silva
59	OS CLONES	Marcia Lachtermacher-Triunfol
60	LITERATURA BRASILEIRA HOJE	Manuel da Costa Pinto
61	A HISTÓRIA DO BRASIL NO SÉCULO 20 (1960-1980)	Oscar Pilagallo
62	GRACILIANO RAMOS	Wander Melo Miranda
63	CHICO BUARQUE	Fernando de Barros e Silva
64	A OBESIDADE	Ricardo Cohen e Maria Rosária Cunha
65	A REFORMA AGRÁRIA	Eduardo Scolese
66	A ÁGUA	José Galizia Tundisi e Takako Matsumura Tundisi
67	CINEMA BRASILEIRO HOJE	Pedro Butcher
68	CAETANO VELOSO	Guilherme Wisnik
69	A HISTÓRIA DO BRASIL NO SÉCULO 20 (1980-2000)	Oscar Pilagallo
70	DORIVAL CAYMMI	Francisco Bosco
71	VINICIUS DE MORAES	Eucanaã Ferraz
72	OSCAR NIEMEYER	Ricardo Ohtake
73	LACAN	Vladimir Safatle
74	JUNG	Tito R. de A. Cavalcanti
75	O AQUECIMENTO GLOBAL	Claudio Angelo
76	MELANIE KLEIN	Luis Claudio Figueiredo Elisa Maria de Ulhôa Cintra

---

Este livro foi composto nas fontes
Bembo e Geometr 415 e impresso em
julho de 2008 pela Prol Gráfica,
sobre papel offset 90 g/m².